U0244609

本书由
中央高校建设世界一流大学（学科）
和特色发展引导专项资金
资助

中南财经政法大学"双一流"建设文库

中|国|经|济|发|展|系|列|

XBRL标准规范研究
——基础与原理

Normative Research on XBRL Standard: Basis and Principle

吴龙庭　著

中国财经出版传媒集团

经济科学出版社
Economic Science Press

图书在版编目（CIP）数据

XBRL 标准规范研究：基础与原理/吴龙庭著. —北京：
经济科学出版社，2019.12
（中南财经政法大学"双一流"建设文库）
ISBN 978 - 7 - 5218 - 1116 - 2

Ⅰ.①X… Ⅱ.①吴… Ⅲ.①可扩充语言 - 研究
Ⅳ.①TP312

中国版本图书馆 CIP 数据核字（2019）第 287189 号

责任编辑：杨　洋
责任校对：隗立娜
版式设计：陈宇琰
责任印制：邱　天

XBRL 标准规范研究
——基础与原理
吴龙庭　著

经济科学出版社出版、发行　新华书店经销
社址：北京市海淀区阜成路甲 28 号　邮编：100142
总编部电话：010 - 88191217　发行部电话：010 - 88191522
网址：www. esp. com. cn
电子邮箱：esp@ esp. com. cn
天猫网店：经济科学出版社旗舰店
网址：http：// jjkxcbs. tmall. com
北京季蜂印刷有限公司印装
787 × 1092　16 开　12 印张　200000 字
2019 年 12 月第 1 版　2019 年 12 月第 1 次印刷
ISBN 978 - 7 - 5218 - 1116 - 2　定价：49.00 元
（图书出现印装问题，本社负责调换。电话：010 - 88191510）
（版权所有　侵权必究　打击盗版　举报热线：010 - 88191661
QQ：2242791300　营销中心电话：010 - 88191537
电子邮箱：dbts@ esp. com. cn）

总　序

　　"中南财经政法大学'双一流'建设文库"是中南财经政法大学组织出版的系列学术丛书,是学校"双一流"建设的特色项目和重要学术成果的展现。

　　中南财经政法大学源起于1948年以邓小平为第一书记的中共中央中原局在挺进中原、解放全中国的革命烽烟中创建的中原大学。1953年,以中原大学财经学院、政法学院为基础,荟萃中南地区多所高等院校的财经、政法系科与学术精英,成立中南财经学院和中南政法学院。之后学校历经湖北大学、湖北财经专科学校、湖北财经学院、复建中南政法学院、中南财经大学的发展时期。2000年5月26日,同根同源的中南财经大学与中南政法学院合并组建"中南财经政法大学",成为一所财经、政法"强强联合"的人文社科类高校。2005年,学校入选国家"211工程"重点建设高校;2011年,学校入选国家"985工程优势学科创新平台"项目重点建设高校;2017年,学校入选世界一流大学和一流学科(简称"双一流")建设高校。70年来,中南财经政法大学与新中国同呼吸、共命运,奋勇投身于中华民族从自强独立走向民主富强的复兴征程,参与缔造了新中国高等财经、政法教育从创立到繁荣的学科历史。

　　"板凳要坐十年冷,文章不写一句空",作为一所传承红色基因的人文社科大学,中南财经政法大学将范文澜和潘梓年等前贤们坚守的马克思主义革命学风和严谨务实的学术品格内化为学术文化基因。学校继承优良学术传统,深入推进师德师风建设,改革完善人才引育机制,营造风清气正的学术氛围,为人才辈出提供良好的学术环境。入选"双一流"建设高校,是党和国家对学校70年办学历史、办学成就和办学特色的充分认可。"中南大"人不忘初心,牢记使命,以立德树人为根本,以"中国特色、世界一流"为核心,坚持内涵发展,"双一流"建设取得显著进步:学科体系不断健全,人才体系初步成型,师资队伍不断壮大,研究水平和创新能力不断提高,现代大学治理体系不断完善,国际交流合作优化升级，综合实力和核心竞争力显著提升，为在 2048 年建校百年时，实现主干学科跻身世界一流学科行列的发展愿景打下了坚实根基。

"当代中国正经历着我国历史上最为广泛而深刻的社会变革，也正在进行着人类历史上最为宏大而独特的实践创新"，"这是一个需要理论而且一定能够产生理论的时代，这是一个需要思想而且一定能够产生思想的时代"①。坚持和发展中国特色社会主义，统筹推进"五位一体"总体布局和协调推进"四个全面"战略布局，实现"两个一百年"奋斗目标、实现中华民族伟大复兴的中国梦，需要构建中国特色哲学社会科学体系。市场经济就是法治经济，法学和经济学是哲学社会科学的重要支撑学科，是新时代构建中国特色哲学社会科学体系的着力点、着重点。法学与经济学交叉融合成为哲学社会科学创新发展的重要动力，也为塑造中国学术自主性提供了重大机遇。学校坚持财经政法融通的办学定位和学科学术发展战略，"双一流"建设以来，以"法与经济学科群"为引领，以构建中国特色法学和经济学学科、学术、话语体系为己任，立足新时代中国特色社会主义伟大实践，发掘中国传统经济思想、法律文化智慧，提炼中国经济发展与法治实践经验，推动马克思主义法学和经济学中国化、现代化、国际化，产出了一批高质量的研究成果，"中南财经政法大学'双一流'建设文库"即为其中部分学术成果的展现。

文库首批遴选、出版二百余册专著，以区域发展、长江经济带、"一带一路"、创新治理、中国经济发展、贸易冲突、全球治理、数字经济、文化传承、生态文明等十个主题系列呈现，通过问题导向、概念共享，探寻中华文明生生不息的内在复杂性与合理性，阐释新时代中国经济、法治成就与自信，展望人类命运共同体构建过程中所呈现的新生态体系，为解决全球经济、法治问题提供创新性思路和方案，进一步促进财经政法融合发展、范式更新。本文库的著者有德高望重的学科开拓者、奠基人，有风华正茂的学术带头人和领军人物，亦有崭露头角的青年一代，老中青学者秉持家国情怀，述学立论、建言献策，彰显"中南大"经世济民的学术底蕴和薪火相传的人才体系。放眼未来、走向世界，我们以习近平新时代中国特色社会主义思想为指导，砥砺前行，凝心聚

---

① 习近平：《在哲学社会科学工作座谈会上的讲话》，2016 年 5 月 17 日。

力推进"双一流"加快建设、特色建设、高质量建设，开创"中南学派"，以中国理论、中国实践引领法学和经济学研究的国际前沿，为世界经济发展、法治建设做出卓越贡献。为此，我们将积极回应社会发展出现的新问题、新趋势，不断推出新的主题系列，以增强文库的开放性和丰富性。

"中南财经政法大学'双一流'建设文库"的出版工作是一个系统工程，它的推进得到相关学院和出版单位的鼎力支持，学者们精益求精、数易其稿，付出极大辛劳。在此，我们向所有作者以及参与编纂工作的同志们致以诚挚的谢意！

因时间所囿，不妥之处还恳请广大读者和同行包涵、指正！

中南财经政法大学校长

目　录

第一章
XBRL概论

可扩展商业报告语言（extensible business reporting language，XBRL）是一种由国际标准化组织制定的对政府、企业、组织的商务和经济信息进行注释的标记语言。经过 XBRL 注释的信息可以被计算机读取、存储、辨认和分析，这为用户获取和处理企业财务信息提供了极大便利。了解 XBRL 语言，首先要了解这项技术产生的背景和使用目的。

第一节　XBRL 的起源

XBRL 的构想最早起源于 1998 年，由美国注册会计师查尔斯·霍夫曼（Charles Hoffman）酝酿提出。当时查尔斯·霍夫曼在一家小型企业负责财务审计与信息系统的整合工作。有感于手工财务处理的烦琐和枯燥，他萌发了使用计算机来管理财务信息的思想。适逢当时万维网联盟（world wide web consortium，W3C）刚刚发布了可扩展标记语言（XML）1.0 规范，查尔斯·霍夫曼敏锐地意识到，这项技术为实现他的构想提供了契机，他向美国注册会计师协会（American Institute of Certified Public Accountants，AICPA）提交了使用 XML 技术来设计企业电子财务报告的研究报告。该报告得到了 AICPA 的重视，并在 1998 年 9 月由 AICPA 组织成立了研究该项技术的专门小组。1999 年 6 月，研究小组提出了首个使用 XML 技术设计的财务报告编制框架——XFRML（extensible financial reporting markup language）。该框架在推出后得到了美国五大会计师事务所和包括微软在内的多家信息科技公司的支持，并在随后被更名为 XBRL（extensible business reporting language）。时任 AICPA 主席的罗伯特·艾略特（Robert Elliott）认为 XBRL 将会革命性地改变金融信息的传递、获取和使用方式。

XBRL 是 XML 语言在会计财务领域的应用，而 XML 又脱胎于更早的 SGML 语言，SGML、XML 和 HTML 之间又存在一定的关联，理解 XBRL 需要对这些语言都有所了解。XBRL、XML 和 SGML 都属于标记语言。标记语言是专为计算机设计的，为自然语言信息添加说明的注释规范。代码 1-1 是使用 XML 标签对一位学生的个人信息进行的注释。人在社会生活中，会积累一定的常识。这些常识会帮助人们推断未知信息的具体含义。比如人在看到"黎明""男""18""178cm""63kg"这一串信息后，会大体判断出这是对一个人姓名、性别、年龄、身高和体重的描述。但计算机不具备这样的能力。实际上，在人工智能出现以前，计算机理解自然语言的能力很弱。为了让计算机能明白这些信息的含义，需要给这些信息添加注释，如代码 1 - 1。通过给"黎明""男""18""178cm""63kg"这些信息加上 < name > < gender > < age > < height > < weight > 标签，计算机就能明白它们表示的是人的姓名、性别、年龄、身高和体重。再给所有这些信息加上 < student > 标签，就说明这描述的是一位学生。加上这些注释以后，如果问计算机"学生黎明的体重是多少?"，计算机就可以把标签 < weight > 的内容"63kg"作为答案进行返回（实际应用还需要对问句进行自然语言分析，这些内容超出了本书的范围，不做探讨）。

代码 1 - 1 　标记语言示例

```
< student >
    < name >黎明 </name >
    < gender >男 </gender >
    < age >18 </age >
    < height >178cm </height >
    < weight >63kg </weight >
</student >
```

　　最早的标记语言是 1969 年 IBM 公司开发的 GML（generalized markup language）[①]。开发 GML 的目的是将数据文件的格式和内容进行标准化，使其不经过修改就可以在不同的机器设备上使用。在当时，使用 GML 编制的文档可以在激光打印机、点阵式打印机和计算机显示器等设备上通用。1986 年，GML 得到了国际标准组织的认可，被颁布为一项国际标准（ISO 8879），更名为 SGML（the standard generalized markup language）。SGML 定义了标记语言的使用规范，使得

---

① GML 语言由 IBM 工程师查尔斯·戈尔法布（Charles Goldfarb）、爱德华·摩舍（Edward Mosher）和雷蒙德·洛（Raymond Lorie）共同开发，由于这三位作者姓的首字母依次为 G、M、L，所以该语言由此命名。

大型文档可以在不同行业共享，这极大地提高了文档使用的效率。因此，它被广泛应用于政府、法律、金融、军事、航空航天、工业技术和出版等领域。1989年，互联网诞生，为了让互联网网页在不同的电脑设备和显示终端中都能正常显示，需要对网页的编写规则进行统一化和标准化。互联网之父蒂姆·伯恩斯－李（Tim Bernes－Lee）考虑使用标记语言来解决这个问题。但 SGML 太复杂，很难在网络环境中使用，最终蒂姆·伯恩斯－李决定开发一种新的标记语言 HTML（hyper text markup language），专用于设计互联网网页。HTML 开发完成以后，得到了多方的支持，取得了巨大的成功。它结合 CSS（cascading style sheets）、JavaScript 等网络技术，可以呈现出绚丽多彩、丰富多姿的互联网内容。但由于专门为编写网页而设计，它在一定程度上背离了创造标记语言的初衷——方便数据交换，提高数据的机器可读性。HTML 不允许用户自定义元素，所用元素均由万维网联盟制定，这决定了它不能被扩展。为了便于显示网页，它定义了大量包含特殊显示效果的元素和属性，这使得 HTML 成为一种兼具数据表示和数据呈现功能的标记语言。而传统标记语言，如 SGML，只关心数据表示的含义，而不在乎数据呈现的形式。这些问题导致了 HTML 仅适用于编写网页，而无法成为一种通用的标记语言。因此，W3C 在 1998 年又设计了一种全新的专用于数据交换的标记语言 XML（extensible markup language）。XML 的设计思想主要来自 SGML，它保留了 SGML 的大部分功能，但比 SGML 更容易实现。XML 是完全的可扩展性语言，没有任何预定义元素，所有元素均由用户自己定义。它的语法简单易学，使用方便，对文件书写格式要求严格，只关注信息表达的语义，而不考虑信息呈现的方式，是理想的数据传输工具。由于有这些优点，XML 问世以后，获得了广泛的支持，被迅速地用于计算机、金融、政府、医疗、地理等多个领域。

XBRL 技术是 XML 在商业报告领域的直接应用。在会计和财务领域，与数据处理和数据传输相关的操作广泛存在。由于复式记账的原理，财务数据在一定程度上呈现出冗余性的特点，数据之间存在比较强的依赖关系，如何从整体上保证财务数据的真实、合规和准确是每个会计人员都要面对的一个挑战。手工会计存在着枯燥、重复、容易出错的毛病，这制约了财务人员的数据处理范围和数据处理效率。实行电算化以后，会计数据在企业内部实现了形式上的标准化和统一化，这使得计算机可以对规范的会计操作执行自动化处理，大大地减轻了会计人员的工作强度，提高了企业会计工作的效率。但关心企业财务信息的不仅有企业的管理者，还包括企业的投资者、债权人和外部监管机构，他们也希望使用格式规范、标准统一、易于获取、便于分析的财务数据，所以他们有意愿要求企业使用统一的电子文件格式来披露信息。从宏观意义上讲，使用统一的网络财务报告格式来披露企业信息有助于从整体上提高产业链的工作效率，降低社会运行成本，所以 XBRL 技术一推出就得到了广泛的支持，成为财务信息化领域的一项重大创新。

第二节　XBRL 的发展历程

一、国际 XBRL 的发展沿革

XBRL 技术的构想最早始于 1998 年 4 月，当时查尔斯·霍夫曼在美国华盛顿州塔科马市骑士谷和格雷戈里公司担任注册会计师。在 W3C 发布 XML 1.0 标准后，他萌生了在财务报告中运用 XML 技术的想法，开始着手设计 XML 财务报表模型。当年 9 月份，查尔斯·霍夫曼向时任 AICPA 高科技工作组（AICPA high tech task force）主席的韦恩·哈丁（Wayne Harding）介绍了 XML 技术在财务报告领域的应用价值。韦恩·哈丁要求查尔斯·霍夫曼向 AICPA 高科技工作组简要汇报 XML 技术。在听取了查尔斯·霍夫曼的汇报以后，AICPA 高科技工作组委派组内的注册会计师卡伦·沃勒（Karen Waller）起草了一份研究报告，该报告建议 AICPA 使用 XML 技术创建财务报表原型。1998 年 10 月 2 日，韦恩·哈丁向 AICPA 委员会提交了该报告并做了相应的陈述。在聆听完韦恩·哈丁的陈述后，AICPA 决定成立专门的项目为财务报表建立 XML 模型，并提供资金支持。三个月后，在多方的通力合作下，查尔斯·霍夫曼和时任 EruTech 公司的技术专家马克·杰维特（Mark Jewett）完成了第一个使用 XML 语言表示财务报告信息的原型。1999 年 1 月 15 日，该原型被提交给 AICPA，韦恩·哈丁和查尔斯·霍夫曼向 AICPA 说明了在会计领域使用 XML 的重要性。AICPA 要求他们起草一份将 XML 应用于商业领域（尤其是在财务报告领域）的项目计划书，并且正式将该项目命名为 XFRML（extensible financial reporting markup language）。五个月后，韦恩·哈丁和查尔斯·霍夫曼完成并提交了项目计划书，随项目书提交的还有一个查尔斯·霍夫曼开发的实现 XFRML 的原型系统。AICPA 的董事会经过认真研究后决定继续资助 XFRML 项目。随后多家公司开始积极响应 XFRML 计划，这其中包括当时的五大会计师事务所（即毕马威、普华永道、德勤、安永、安达信）和微软公司。1999 年 8 月，AICPA 开始实施 XFRML 商业项目计划，并宣布将创建 XML 财务报告标准。10 月，XFRML 指导委员会（XFRML Steering Committee）第一次会议在 AICPA 美国纽约总部召开。

随着 XFRML 计划的顺利开展，AICPA 逐渐意识到 XML 不仅可以用于给投资者和证券交易所提供财务报告，还可以进一步地用于向证监会报送文件、在公司内部共享数据和向纳税机关提供报税数据等领域。于是 AICPA 决定扩充 XFRML 的功能，使之成为一种通用的商务报告语言。在这种背景下，XFRML 在 2000 年被重新命名为 XBRL（extensible business reporting language）。同时，XFRML 指导委员会经过研究认为应在全球范围内推广 XBRL 技术，于是委员会成立了 XBRL 国际化组织——XBRL International（以下简称"XBRL 国际"）。XBRL 国际是一个国际化的非营利组织，该组织的使命是通过为商业报告提供开放式的数据交换标准来提高全球商业活动的透明度和可问责性。2000 年 7 月，XBRL 国际发布了遵循美国一般通用会计准则（generally accepted accounting practice，GAAP）的 XBRL 标准 1.0（XBRL Specification 1.0，使用 DTD 格式定义）和为工商业制定的 XBRL 元素分类标准（C&I taxonomy）。2001 年 2 月 19 日至 23 日，第一届世界 XBRL 大会在英国伦敦召开，会上公布了旨在推广 XBRL 在企业内部应用的"XBRL 总账（XBRL for general ledger）"的开发草案（这一技术方案在随后被更名为 XBRL 全球账，XBRL for global ledger）。2001 年 12 月 14 日，XBRL 标准 2.0（XBRL Specification 2.0）正式发布，大约半年后，该标准被升级为 2.1 版本。截至 2019 年，该标准未再进行更新。XBRL 2.1 标准标志着 XBRL 标准已经趋于成熟和稳定，该标准使用了更先进的 XML Schema 技术来定义 XBRL 元素，为其他国家和地区制定本国或本地区适用的分类标准提供了完整实用的框架。当前，XBRL 国际下属的各个成员主要以 XBRL 2.1 标准为基础，开发各自的 XBRL 分类标准。截至 2019 年，XBRL 国际已经拥有450 多个组织成员，其中中国、美国、韩国、日本、以色列、德国、印度、比利时和丹麦等国家已经启动了 XBRL 自愿或强制性披露报送程序。2001~2019 年，XBRL 国际共组织召开了 28 次 XBRL 国际大会，这些会议的召开促进了各国 XBRL 分类标准的发展，加强了各国 XBRL 组织之间的沟通和联系，为 XBRL 国际建立全球统一的财务报告分类标准提供了帮助和支持。

二、国外 XBRL 技术的发展应用

在 XBRL 国际推出 XBRL 标准以后，世界各国或地区开始陆续推进 XBRL 应用项目，下面就几个典型国家和地区的应用状况进行介绍。

（一）美国

美国是 XBRL 技术的发源地，在全球 XBRL 技术研究中处于领先地位。AICPA 是 XBRL 项目的主要发起者和资助者，微软等美国高新科技公司为 XBRL 项目的实现提供了强有力的技术支持，XBRL 国际内部的标准制定人员和相关管理人员大多都来自美国。早在 1999 年 10 月，AICPA 就进行了使用 XFRML 编制 10 家公司的财务报表的实验，以此来验证使用 XML 技术编制财务报告的可行性。2001 年 2 月，摩根士丹利（Morgan Stanley）使用 XBRL 技术向美国证券交易委员会（the U. S. Securities and Exchange Commission，SEC）提交 XBRL 财务报告，这是 XBRL 技术在实务界的首次应用。2002 年 3 月，微软公司使用 XBRL 技术披露了公司财务报告，这是科技公司应用 XBRL 的先例。随后，随着 XBRL 方案的日渐成熟，美国证券交易委员会于 2005 年 3 月 16 日推出了 XBRL 财务报告自愿披露计划（XBRL voluntary financial reporting program on the EDGAR system），该计划邀请上市公司自愿使用 XBRL 技术披露财务信息。当年，有 9 家公司自愿参加报送。2006 年，自愿披露的公司上升到 35 家，2007 年和 2008 年，这一数字分别上升到 67 家和 120 家。随着 XBRL 技术的逐步推广，其产生的经济效益也开始凸显：证券交易所可以减少差错，提升效率；分析师可以缩短获取和转

换财务数据的时间；投资者可以更快更准确地了解上市公司信息。良好的使用效果使得美国证券交易委员会（SEC）希望将 XBRL 披露尽快从自愿性披露过渡为强制性披露。在 2008 年 5 月，SEC 公布了一项渐进式提案，该提案旨在要求所有上市公司都使用 XBRL 技术呈报财务报告。提案为上市公司使用 XBRL 技术披露财务信息设定了时间表，该时间表分三个阶段：第一阶段是强制要求全球市值在 50 亿美元以上，使用一般公认会计准则（GAAP）呈报财务报告的公司在 2008 年 12 月 15 日以后必须使用 XBRL 提交财务报告，共计约 500 余家公司；第二阶段要求所有使用 GAAP 快速申报的美国境内和境外公司在 2009 年 12 月 15 日之前必须使用 XBRL 提交财务报告；第三阶段要求所有其他公司，无论是采用 GAAP 编制财务报告，还是采用 IRFS 编制财务报告都必须在 2010 年 12 月 15 日之前使用 XBRL 提交财务报告。强制披露方案的实施极大地推动了 XBRL 技术在资本市场上的应用，各种与 XBRL 相关的技术业务纷纷发展起来。截至 2019 年，美国 XBRL 协会已发布 XBRL 相关技术标准 14 项，XBRL 被广泛应用于政府、财税、银行、证券和金融业的信息披露。

（二）日本

日本是 XBRL 技术应用的积极倡导者，其应用水平在亚洲处于先进地位。早在 XBRL 1.0 标准正式颁布以前，日本就有代表参加 2000 年 5 月在美国华盛顿举行的由 XBRL 国际组织的"在美国政府中应用 XBRL 技术的报告会"（XBRL technology briefing for federal government）。2001 年 2 月，第一次国际 XBRL 大会在伦敦召开，有 6 位日本人出席会议。4 月，XBRL 的日本区域组织 XBRL 日本（XBRL Japan）成立，创始成员包括日本注册会计师协会（Japanese Institute of Certified Public Accountants）、日本信息技术服务业协会（Japan Information Technology Services Industry Association）、日本 XML 协会（XML Consortium）、亚洲证券印刷有限公司（Asia Securities Printing Co.，Ltd.）、高原印刷有限公司（Takara Printing Co.，Ltd.）、东京昭子研究有限公司（Tokyo Shoko Research，Ltd.）、日本数字公证局有限公司（Japan Digital Notarization Authority Co.，Ltd.）、日立系统服务有限公司（Hitachi Systems & Services，Ltd.）、日立有限公司（Hitachi Systems & Services，Ltd.）、富士通有限公司（Fujitsu Limited）。日本注册会计师协会信息技术委员会主席金井清（Kiyoshi Kanai），成为 XBRL 日本第一任主席。

2002 年 11 月，日本在东京主办了第六届国际 XBRL 大会，东京证券交易所（Tokyo Stock Exchange）、东京三菱银行（Bank of Tokyo Mitsubishi，Ltd.）、三井住友银行（Sumitomo Mitsui Banking Corporation）和华歌尔时装公司（Wacoal Holdings Corp.）等机构参加了此次会议。日本银行行长福井俊彦（Toshihiko Fukui）在会上发表了主题演讲。在大会开始前，日本国家税务总局宣布他们将使用 XBRL 进行电子税务申报。2005 年 7 月，日本工业标准委员会（Japanese Industrial Standards Committee）对 XBRL 2.1 规范进行了审查，以 XBRL 2.1 为基础编制了日本可扩展商业语言的标准规范 "JIS X 7206：2005 可扩展业务报告语言（XBRL）2.1 规范"，该标准得到了 XBRL 国际的认可。2006 年 2 月，日本银行宣布在实务界有超过 500 家金融机构使用 XBRL 技术传递财务信息。2008 年 7 月，东京证券交易所宣布在他们的及时披露信息传输系统（timely disclosure information transfer system，TDnet）中全面使用 XBRL 技术来发送和接收企业盈利的摘要信息。2013 年 10 月，第 14 届 XBRL 日本研讨会（the 14th XBRL japan symposium）在东京证券交易所举行，会议由 XBRL 日本和日本注册会计师协会主办，日本金融服务署（Financial Services Agency）和东京证券交易所协办，会议主题为 "XBRL 的新时代——探索 XBRL 更多的可能性"。会议主题表明 XBRL 在日本的应用范围已经从金融信息领域扩展到非金融信息领域，XBRL 已经成为一种标准化的数据格式。截至 2019 年，日本共承办了 3 次国际 XBRL 大会，在国内组织了 30 多次以 XBRL 为主题的研讨会，参会人数逾 6 000 人次。

（三）欧洲

受制于欧盟特殊的国家治理体系，XBRL 技术在 27 个欧盟成员国的发展水平参差不齐。XBRL 技术发展水平较高的国家包括英国、荷兰、比利时、西班牙、德国、丹麦、希腊、爱尔兰等。英国皇家税务与海关总署（HM Revenue and Customs，HMRC）要求所有英国公司在 2010 年 3 月后必须使用 XBRL 技术通过在线税务申报系统向 HMRC 提交税务申报。2004 年，荷兰财政部（Dutch Ministry of Finance）和司法部（Dutch Ministries of Finance and Justice）共同资助发起了制定荷兰 XBRL 分类标准的项目（Nederlandse taxonomie project，NTP）。该项目旨在创建适用于荷兰商业环境的 XBRL 分类标准，使荷兰企业能够直接从账簿信息中生成需要呈报的财务报告。项目得到了荷兰内阁政府的支持，内阁政府希望通过该项目减少企业的行政负担，提高政府处理企业财务报告信息的效率。2015 年 11 月，荷兰议会颁布了新法案，强制性要求荷兰企业逐步过渡到使用 XBRL 技术来呈送企业财务报告。法案规定，荷兰小规模企业从 2016 年开始必须使用 XBRL 技术提交财务报告；中型企业则是从 2017 年开始使用 XBRL 技术呈报财务报告；而到 2019 年，所有私营企业都必须使用 XBRL 技术呈报财务报告。2004 年 11 月比利时国家银行（National Bank of Belgium，NBB）成立了旨在在比利时推广 XBRL 技术应用的非营利区域组织 XBRL 比利时（XBRL Belgium）。2007 年 4 月比利时国家银行开始使用 XBRL 技术收集比利时公司的财务报告，当年比利时约有 29.5 万家工商企业开始使用 XBRL。2008 年 1 月，NBB 强制要求所有公司使用 XBRL 技术呈报财务报告。当年 4 月，XBRL 财务报告呈报范围扩大到比利时的所有非营利组织。根据 XBRL 比利时下属的中央资产负债表办公室（Central Balance Sheet Office）的数据，在比利时超过 90% 以上的财务报告使用 XBRL 技术报送。丹麦于 2005 年开始接受 XBRL 形式报送的财务报告。从 2008 年开始，所有符合丹麦 B 级财报要求（accounting class B – companies）的公司都必须使用 XBRL 技术提交财务报告。报送所依据的 XBRL 标准由丹麦商务部、实务界和技术专家共同制定开发。2005 年 6 月，在富士通软件公司和普华永道的支持下，爱尔兰中央统计局（The Central Statistics Office Ireland）在经济调查中首次使用了 XBRL 技术。在德国，100 万德国企业被强制要求使用 XBRL 技术报送财务和税务信息。2016 年，德国 XBRL 分类标准被更新到 6.0 版本。XBRL 技术在西班牙用于上市公司财务披露和银行业监管，有超过 3 000 家西班牙公司使用 XBRL 技术呈送财报，400 家银行使用 XBRL 向西班牙中央银行（Bank of Spain）提交监管数据。

（四）澳大利亚

澳大利亚税务局（The Australian Tax Office，ATO）是使用 XBRL 技术的先驱，它的主要应用项目是标准商业报告项目（Standard Business Reporting，SBR）。SBR 项目致力于使用 XBRL 技术简化企业的商业报告提交框架。从 2014 年开始，SBR 项目在澳大利亚税收、商业登记和养老金报告方面得到了广泛应用。使用 SBR 呈报的交易总数超过 1 500 万笔，该系统提供多达 550 多个模板供用户呈报财报。截至 2015 年，在澳大利亚有超过 200 家软件公司提供 SBR 相关软件产品与服务支持；使用 SBR 报送的企业间业务超过 810 万笔，其中涉及退休金业务的交易约为 120 万笔。随着 SBR 的使用，澳大利亚企业呈送报告的效率大幅度提高。根据澳大利亚税务局的数据，SBR 项目已经为澳大利亚税务局省了约 4 亿澳元的开支。

（五）韩国

2006 年，韩国金融监管局（the Financial Supervisory Service of Korea）推出了基于韩国企业会计准则（Korean generally accepted accounting principle）的 XBRL 自愿财务披露方案。2007 年，该方案转为强制性披露方案，所有韩国上市公司必须执行。2011 年，根据韩国的公司独立审计法案（the Act on Independent Audits of Corporations），韩国金融监管局要求所有韩国公司，无论是否上市，都必须使用 XBRL 技术披露公司年度报告。借助该 XBRL 提交系统，投资者可以很容易地查询上市公司的财务信息，非韩语用户还可以使用英语查看和分析公司的财务报表。2012 年，韩国战略规划财政部（Ministry of Strategy and Finance）建立了基于 XBRL 的账户结算填报系统，解决了用户账户清算不及时的问题。

三、中国 XBRL 技术的发展应用

XBRL 技术在中国的应用起始于 2002 年，当时中国证券监督管理委员会（以下简称"证监会"）在研究如何让上市公司使用电子化方式披露财务信息。经过广泛而深入的调研后，证监会决定采用 XRBL 作为上市公司呈报财务报告的形式。随后，上海证券交易所（以下简称"上交所"）和深圳证券交易所（以下简称"深交所"）开始探索使用 XBRL 技术披露上市公司的财务报告。2004 年，上交所开展了使用 XBRL 提交年度报告的试点工作，首批试点企业为 50 家在上交所上市的公司，这是全球首次在资本市场报送 XBRL 财务报告的试验。试点工作取得了成功。于是在 2005 年，上交所扩大了 XBRL 财务报告的报送范围，要求上交所所有上市公司都使用 XBRL 技术提交财务报告。

深交所于 2005 年 1 月推出了上市公司 XBRL 财务报告制作系统，上市公司可以通过该系统制作 XBRL 财务报告，由深交所提供相应技术支持。同年 2 月，

深交所开展了相关的试点工作，首批 39 家企业的财务信息在上传系统以后可供投资者自由查询。2005 年 3 月，深交所发布了《XBRL 应用示范》，为普通用户提供 XBRL 文件的 Web 分析工具。随着 XBRL 技术在证券行业的成功应用，证监会联合中国保险监督管理委员会（以下简称"保监会"）于 2006 开始筹划成立 XBRL 中国区域组织。2008 年，作为代表中国参与 XBRL 国际的决策和活动的区域组织——XBRL 中国正式成立，并被接纳为 XBRL 国际的正式成员。同时，由财政部牵头，中国证券监督管理委员会和保监会联合其他部属单位建立了 XBRL 中国的官方网站，网站提供 XBRL 新闻动态、技术规范、分类标准和活动培训等相关信息。在 2008 年，证监会还将 XBRL 技术推广到了基金信息披露领域，要求基金管理公司将季报、半年报和年报逐步 XBRL 化。

2009 年 4 月，财政部发布了《关于全面推进我国会计信息化工作的指导意见》，文中明确指出"全面推进我国会计信息化工作的目标是：力争通过 5～10 年的努力，建立健全会计信息化法规体系和会计信息化标准体系［包括可扩展商业报告语言（XBRL）分类标准］"，指明财政部当前的主要责任之一是"制定会计信息化标准体系并组织实施，当前着重制定基于国家统一的会计准则制度的 XBRL 分类标准"。2010 年 10 月，第 21 次国际 XBRL 大会在北京召开，会上财政部等部门发布了《企业会计准则通用分类标准》《可扩展商业报告语言（XBRL）技术规范》等一系列国家标准。2011 年前后，财政部陆续发布了《关于实施企业会计准则通用分类标准的通知》《关于企业会计准则通用分类标准实施若干事项的通知》等文件，并召开了相关的专题会议，推动企业会计准则通用标准的贯彻实施工作。2011 年底，中国石油天然气股份有限公司、中国石油化工股份有限公司和中国海洋石油股份有限公司联合财政部共同完成了《石油和天然气行业扩展分类标准》，该标准是通用标准在具体行业层面的直接拓展，大大地提高了 XBRL 财务报告在同行业的可比性。随后，中国银行保险监督管理委员会（以下简称"银监会"）和国务院国有资产监督管理委员会（以下简称"国资委"）分别发布了各自监管范围的 XBRL 扩展分类标准，将 XBRL 应用拓展到了国企和央企监管，提升了政府企业财务信息化水平。

总的看来，我国已经完成了 XBRL 相关技术标准的制定，进入到 XBRL 技术的推广应用阶段。虽然我国引入 XBRL 技术的时间较晚，但在财政部的强力推动下，上交所和深交所的 XBRL 财务报告报送工作取得了可喜的进展，我国是第一个在资本市场强制推行 XBRL 试点的国家。随着 XBRL 技术应用经验的丰富，财政部、银监会和国资委进一步将 XBRL 的应用范围推广到了银行业监管和国企监管。同时，XBRL 分类标准在石油化工、金融行业的拓展工作也取得了进展。随着信息技术的继续发展，可以预想在未来 XBRL 将与企业 ERP 系统、区块链、人工智能技术进一步融合，成为推动会计全面信息化和智能化的有力工具。

第三节　XBRL 的技术特点

根据 2010 年财政部颁布的《可扩展商业报告语言（XBRL）技术规范》，XBRL 是一种基于可扩展标记语言 XML 的开放性业务报告技术标准。它通过给财务报告中的数据增加特定标记、定义相互关系，使计算机能够"读懂"这些报告，并进行符合业务逻辑的处理。这个定义很好地说明了 XBRL 的设计初衷、使用方法和最终目的。实际上 XBRL 技术主要使三类用户受益：（1）财务信息使用者；（2）财务信息编制人员；（3）财务软件供应商。

提出 XBRL 的主要目的是改善商业报告的呈送方式，提高商业报告的使用效率。XBRL 实际上提供了一种存储商务信息的标准格式，这种格式既遵循通用的 XML 文件规范，又遵循所在国或地区颁布的 XBRL 标准。使用 XBRL 技术不会影响当前的企业会计准则，不会提出新的会计核算方法，它只是让获取和分析商业报告变得更加容易。当外部经济环境发生变化时，商业报告的呈送内容和形式可能要做相应的调整，可以通过修改 XBRL 标准来适应这种变化。XBRL 标准是定义商业报告的内容和形式的一种规范，它可以遵照任何一种商业报告模式去制定和定义。

XBRL 财务报告获取方便。上市公司向证交所提交 XBRL 财务报告后，证交所通过 XBRL 信息平台公布 XBRL 文件，任何人可以通过该平台获取 XBRL 财务信息。相比于传统的以 PDF、HTML 等形式报送的财务报告，XBRL 财务报告具有如下优点：

1. 跨平台性

使用 XBRL 表示的财务信息具有跨平台的性质，可以在不同的机器设备和软件系统中使用。使用这种格式存储数据可以很方便地让财务信息以 PDF、HTML、Excel 或 Word 等不同形式呈现，也可以很方便地让其他计算机程序调用文件中的会计政策、财务报表附注、财务业务等信息。换句话来说，XBRL 使得财务信息在被输入后，可以被反复使用，不需要因为硬件或软件平台变更而更改数据格式。

2. 机器可理解性

传统的 PDF 形式财务报告没有注释标记，计算机不理解其中蕴涵的财务信息，所以无法对其进行识别和提取，财务分析要靠财务人员手工完成。财务报告 XBRL 化以后，计算机通过标签理解财务信息的含义，从而实现对财务数据的识别、提取和分析。

3. 财务数据颗粒度高

数据颗粒度的概念来自数据科学，它表示数据所刻画的对象的范围。刻画范围越小，数据颗粒度越高；反之，颗粒度越低。对数据分析人员而言，数据颗粒度越高，数据的可追溯性越强，数据分析的结果越清楚。但在数据披露整体范围一定的前提下，数据披露的颗粒度越高，相应的披露成本就越高。在传统财务报告中，基于成本效益原则，财务数据的披露颗粒度受到限制。使用 XBRL 技术以后，企业编制财务报告的效率将会提高，这为企业披露更多的财务数据提供了基础。在未来，如果企业的 ERP 系统支持直接从账簿导出 XBRL 财务报告，那将革命性地改变财务信息的披露方式。

学习 XBRL 技术，需要理解与 XBRL 相关的三项基本概念：XBRL 技术标准、XBRL 分类标准和 XBRL 实例文档。XBRL 是 XML 语言在财务领域的延伸和运用，而 XML 是一种通用的、完全的可扩展语言。W3C 组织没有为 XML 定义任何官方使用元素，它只是定义了 XML 文件的书写规范和 XML 元素的定义规范，这意味着用户使用 XML 语言来表示数据必须先自行定义 XML 元素。但不可能让所有上市公司都自行定义财务信息元素，因为这样会导致各个公司所编制的电子财务报告没有统一的格式，无法进行统一处理。实际上上市公司在编制财务报告时，需要遵循证券交易所的要求，即便业务不同，它们编制的财务报告的格式是一致的。应用 XBRL 技术，也需要采用这样的方式。由 XBRL 官方组织制定出使用 XBRL 技术编写商业报告的一般标准，该标准既定义通用型的财务元素，也保留上市公司自行定义其他业务元素的权利（供其描述自身特殊业务）。通过这种方式就能大体上统一上市公司编制电子财务报告的格式，同时保留 XML 语言可扩展性的特点。XBRL 官方组织所编制的标准就是 XBRL 技术标准（XBRL specification），所提供的一般财务元素就是 XBRL 分类标准（XBRL taxonomy）。上市公司根据 XBRL 技术标准，使用 XBRL 分类标准提供的元素所编制的 XBRL 财务报告就是 XBRL 实例文档（XBRL instance）。XBRL 国际于 2002 年发布了 XBRL 国际标准 XBRL specification 2.1，它是各国或地区制定各自 XBRL 标准的基础。中国于 2010 年颁布了《企业会计准则通用分类标准》《可扩展商业报告语言（XBRL）技术规范》，为 XBRL 技术在中国的应用奠定了基础。

第四节　XBRL 的应用趋势

XBRL 自问世以来，得到了各个国家和地区的广泛支持，经过二十几年的发展和实践，取得了巨大的成功。随着 XBRL 的深入应用，相关研究课题也随之涌现。这些课题揭示了 XBRL 在实际应用中所遇到的问题，指出 XBRL 技术融入当前信息技术环境所面临的主要阻碍，引导着实务界和学术界对 XBRL 进行进一步的理论探索和应用开发。下面就当前 XBRL 应用中比较突出的问题进行简单的介绍。

一、XBRL 财务数据的正确性检验

2009 年 4 月，北卡罗来纳州立大学会计学院的一项研究评估了参与美国证券交易委员会（SEC）2006 年自愿申报项目的 22 家公司提交的 XBRL 财务报告的准确性。通过将 XBRL 文件与这些公司的财务报告进行对比，他们发现 XBRL 财务报告在元素标记、财务数据、数据标签和财务信息分类等方面存在多项错

误。2010年，罗杰·德布雷西尼等（Roger Debreceny et al., 2010）研究了美国上市公司在2009年提交的XBRL财务报告中的数据质量问题，他们发现在所有XBRL财务报告中，大约有25%的XBRL文件存在错误，平均每份文件出错1.8次，而对于有错的XBRL文件，错误平均每份出现7次，出错金额中位数为910万美元，最高达70亿美元。何芹在2011年研究了我国上交所12家上市银行在2009年提交的XBRL报告，通过与PDF财务报告进行对比，发现XBRL报告存在报表项目漏报、报表项目错报、报表项目顺序排列错误、金额错报和漏报、金额符号错误、合计金额错误等多项问题。刘承焕等（2015）对广西七家企业的XBRL数据进行了校验，发现这些企业的XBRL文档存在多种数据错误问题，部分问题影响到了XBRL文档的核心报告质量。这些研究提出了一个重要问题，即如何保证XBRL财务报告的正确性。XBRL文件的优点是机器可读，缺点是形式冗长，人不容易理解。所以当其中出现错误时，人很难察觉。而XBRL财务报告在制作完毕后，后续处理主要以分析数据和调用数据为主，不会再校核其中的数据。这就导致一旦XBRL数据被恶意篡改，后续相关应用都会出错。为了保障XBRL数据的正确性，可以从以下几个方面开展研究。

1. 改进XBRL报告的生成方式

当前我国上市公司呈送XBRL报告的形式主要以人工输入为主，这种方式费时费力，容易出错。如果能够开发直接从企业信息系统中提取XBRL数据的应用程序，将减少人为输入的错误，提高XBRL报告的编制效率。

2. 发展会计师事务所XBRL鉴证服务

当前财政部还没有要求注册会计师对XBRL实例文档提供审计意见。但随着XBRL技术在金融、银行和政府治理领域的广泛应用，市场对于针对XBRL报告进行鉴证服务的需求日益增加。无论是监管部门还是财务数据分析人员，在使用XBRL数据之前，都有必要对XBRL报告进行鉴证。美国AICPA审计准则委员会在2003年9月颁布了鉴证业务标准公告第10号——鉴证标准：修正与重编码的第5号解释XBRL实例文档在内的财务信息的鉴证服务，该文件为审计XBRL财务报告提供了指导思想。这可以为我国从政策上推进XBRL鉴证服务提供借鉴。

3. 加强XBRL应用知识培训

编制XBRL财务报告要求财务人员既要熟悉企业的财务数据，又要掌握

XBRL 相关知识。XBRL 分类标准是一个非常复杂的分类体系，财务人员要了解分类标准并掌握它的使用方法需要接受专业的培训。由于 XBRL 文件通常比较冗长，不便于直接编辑和修改。大多数企业编制 XBRL 报告是通过专业软件或模板先输入财务数据，再由计算机自动生成 XBRL 文件，要保证这一系列步骤不出现错误，财务人员还需要学习 XBRL 应用软件的使用方法和它生成 XBRL 的内部机制。

4. 定期评估上市公司 XBRL 财务报告的披露质量

保证上市公司的 XBRL 数据准确无误是一项非常艰巨的任务，定期评估上市公司 XBRL 报告的披露质量有助于发现信息披露过程中存在的问题，提出相应的解决措施。查尔斯·霍夫曼每年都会对美国上市公司披露 XBRL 财务报告的质量进行分析，并公布上市公司 XBRL 报告中存在的具体错误。针对这些错误，上市公司会不断改进它们的披露工作。从 2014 至 2019 年的统计数据来看，美国 XBRL 报告中所包含的错误数呈逐年下降趋势。

总的来说，要保证 XBRL 披露数据的准确无误，政府、学术界、上市公司和相关监管机构还需要做大量工作。在这方面，美国的一些成功经验可为我国在制定相关政策和决策时提供有益的参考。

二、XBRL GL 的发展与应用

XBRL GL（XBRL Global Ledger）是 XBRL 国际为了进一步拓展 XML 在财务领域的应用而设计的一套使用 XML 文件来表示企业内部财务数据的解决方案。它的设计初衷是希望将企业内部财务数据与 XBRL 进行无缝链接：对外报告时，通过 XBRL GL 直接生成 XBRL 报告；分析企业 XBRL 报告时，借由 XBRL GL 追溯到企业的具体业务，获得审计线索。本质上，XBRL GL 是一套企业内部财务信息分类标准，它既可以用于企业的内部管理和决策，也可以用于同外部利益相关者交换财务数据。对于使用多种 ERP 系统的大型企业而言，XBRL GL 可以帮助它们统一企业内部财务数据格式。使用这种统一的格式来管理数据，可以让企业更加方便地去检验数据和分析数据，为实施持续审计提供条件。实际上 XBRL GL 的用途不仅仅局限于表示企业内部的财务数据，它还能表示大量的非财务数据，例如客户、供应商、存货、固定资产和生产成本等信息。总的来说，XBRL GL 具有如下特性：

（1）全球性。XBRL GL 是一项跨国跨地区的数据标准，不受地理区域的限制，任何国家或组织都可以使用。

（2）通用性。XBRL GL 所存储的数据不是只用于特定的任务和功能的，它可以服务于企业所有的业务活动，也可以提供给企业所有的利益相关者使用。

（3）独立性。XBRL GL 不依赖于具体的行业、软件、数据等外部对象，它的数据规范仅由它自身的标准定义。

（4）可扩展性。企业可以根据自身需求对 XBRL GL 进行相应的扩展。

（5）开放性。XBRL GL 标准完全对外公开，所有用户可以免费使用，并接受任何个人或组织的反馈意见。

（6）支持多种语言。XBRL GL 支持用多种语言去描述它定义的内部元素。

XBRL GL 遵循 XML 的文件格式，它的根元素为"会计记录"元素（accounting entries），下边包含三个子元素，分别是"文件信息"元素（document information）、"实体信息"元素（entity information section）和"记录信息"元素（entry information），每个子元素又包含多个嵌套元素。"文件信息"元素主要定义 XBRL GL 文件的编制时间、使用语言、货币单位等信息，该元素可取值"账户"（account），"余额"（balance），"记录"（entries），"日记账"（journal），"资产"（assets），"试算表"（trial balance），"税额表"（tax tables）和"其他"（other）。计算机通过该元素判断 XBRL GL 文件的类别。"实体信息"元素记录企业的基本信息，如联系方式、电子邮箱、企业主营业务、会计核算方法、会计年度的起止时间等。"记录信息"元素是 XBRL GL 文件的主体，它有两种结构，一种是"账户"（account）结构；另一种是"数量信息"（measurable）结构。"账户"结构用来存储通用的会计账户，包含"账户类型"（account type）子元素，该元素的取值范围为"账户"（account），"银行"（bank），"员工"（employee），"客户"（customer），"工作"（job），"供应商"（vendor），"数量"（measurable），"统计数据"（statistical）和"其他"（other）。"数量信息"结构用来描述各种以非货币计量单位表示的信息，比如存货、固定资产、员工等，它通常记录的是企业内部信息。XBRL GL 包含一个可以与 XBRL 财务报告相连接的"SRCD"（Summary Reporting Contextual Data）单元，通过该单元 XBRL 财务报告可以衔接到对应的 XBRL GL 文件，从而实现了 XBRL 财务报告范围的扩展。

创建 XBRL GL 文档通常包含三步：

第一步，获取 XBRL GL 分类标准。最新的 XBRL GL 分类标准（2015 年颁布）可以在 XBRL 国际的官方网站下载，该分类标准包含多个单元，分别是"核心"单元（core，COR），"高级商业概念"单元（advanced business concepts，BUS），"货币"单元（multi currency，MUC），"英美会计"单元（U. S. and U. K. accounting，USK），"税务审计"单元（tax audit file，TAF），和"SRCD"单元。XBRL GL 分类标准的通用性要比 XBRL 财务报告的通用性强。XBRL 国际虽然颁布了 XBRL 技术标准 2.1，但该标准并不是各国 XBRL 实例文档的检验标准。各国是先根据 XBRL 标准 2.1 制定适合本国使用的 XBRL 本国标准，然后再根据本国标准编制 XBRL 财务报告。而 XBRL GL 则是全球通用的，所有国家和地区直接参考 XBRL GL 规范来编制企业内部 XBRL GL 文件。

第二步，将企业原始数据映射为对应的 XBRL GL 元素。根据企业内部数据的性质，将它映射到对应的 XBRL GL 元素。有的软件公司提供对应的映射软件，比如 Altova 公司的 MapForce 软件。该软件可以将映射操作图形化，用户通过鼠标拖拽即可完成映射操作。

第三步，创建 XBRL GL 实例文档（instance document）。根据上述步骤的结果编制 XBRL GL 文档。这一步也可以借助专门的软件完成，专业化的软件会提供文档的自动检验和图形显示功能，能极大地提高文档编制的效率和文档中信息存储的正确率。

在过去，企业信息系统对于财务报告的外部用户是一个黑箱，外部投资者、债权人和审计人员很难了解财务数据完整的产生流程，XBRL GL 的出现为外部用户了解企业的内部业务状况提供了契机。但如何将 XBRL GL 与企业的信息系统进行科学的结合还需要深入探讨。一方面企业已经有了成熟的数据存储工具——数据库，数据库系统经过长期的应用和改进，已经非常稳定可靠。而 XBRL GL 作为 XML 技术的延伸，本质上是一种信息标注工具，只具有轻量级的信息存储能力。将它作为企业信息存储的主要载体，还需要解决数据备份、数据处理效率和用户权限管理等多方面问题。审计监管部门是应用 XBRL GL 技术的最大受益者，但对企业而言，使用 XBRL GL 技术不会产生直接的经济效益，还要付出迁移成本，并承担数据风险，因此当前企业对应用 XBRL GL 技术积极性不高。

三、XBRL 财务数据的深度挖掘

数据挖掘（data mining）是从大量的、不规则的、有噪声的、无序的数据中寻找有价值的或者对决策有帮助的信息的过程。相比与传统的数据分析，数据挖掘在执行之前往往没有明确的假设，它依靠算法或数据模型去挖掘知识或发现模型。自 2000 年以来，数据挖掘技术被广泛应用于政府、金融、商业、医疗、地理、信息等领域，取得了极大的成功。XBRL 实例文档是一个海量的数据仓库，在财务分析、市场监管、证券投资等领域具有广泛的应用前景。每位财务信息用户对 XBRL 文档都有自己的关注点。比如证券市场监管机构关心整个行业的发展状况；企业管理者关心企业经营策略实施的效果；股东关心企业的经营业绩和财务状况；客户关心企业的产品质量和商品定价；供应商关心企业是否有信誉；债权人关心企业的偿债能力。不同用户挖掘数据的目的不同，在使用 XBRL 文档时，首先要提取 XBRL 文档中的数据，然后将这些数据输入挖掘软件，使用挖掘算法对数据进行有目的的挖掘。常见的数据挖掘方法有如下几种：

1. 关联分析

关联分析是数据挖掘中的经典方法。它的分析思路是，如果有多个信息元素在大量样本中同时出现的概率超过一定的基准值，就认为这些数据之间存在关联关系，可以建立它们之间的关联规则（association rules）。它最早用于分析超市中顾客喜欢采购的商品组合。例如根据顾客的购买记录，发现女性顾客在购买化妆品的同时喜欢购买纸巾，因此将纸巾的货架和化妆品的货架并排摆放，有效地扩大了这些商品的销售额。在 XBRL 报告中也可以使用该挖掘方法，常见的例子是挖掘企业恶化的财务指标和报告中特定文本特征出现的关联关系。

2. 时间序列分析

以数据相对时间的变化趋势为基础，挖掘在一定时间范围内反复出现的数据模式，常见的应用场景是搜寻股市中某一时间段内的股票波动序列，通过这种序列来预测股价变化趋势。

3. 分类

预先设定一组类别，对其中的每项类别，通过大数据分析该类别样本的代表特征，使用这些特征来对未知项进行分类。在财务领域，确定一项投资的风险是高还是低，确定赊销客户的信用是好还是坏，都属于这类问题。

4. 聚类

该方法通常没有预先设定的类别，是综合分析待分类群体的所有特征，自动将特征相似的个体进行聚合成堆，最后自然分出的堆数就是最后的聚类类别。比如研究客户群体分类，对要分类的群体不做预先设定，只做方向性的引导，比如按地理位置聚类，按收入水平聚类。通常这样会让客户按照省份或地区，或高收入、中等收入、低收入等自然聚类。

5. 预测

预测的本质是通过历史数据找到事物变化发展的规律或数学模型，使用这些规律或模型来推断事物未来的变化趋势。在财务系统，常见的应用场景有预测投资的未来收益；预测某件商品定价与销售量之间的关联关系。

在大数据时代，企业需要向客户提供多元化的产品和个性化的服务。会计与业务相融合是新的发展趋势，运用数据挖掘可以加强商业分析以保持企业长期的竞争优势。传统的财务会计存在着数据小、侧重结果、缺乏对业务过程的研究的缺陷。在信息化时代，企业又面临着数据存储不集中、标准不统一、技术路线较多的信息化问题。利用 XBRL 技术跨平台、易于扩展、容易被计算机理解的特性，按照一体化管理的思路构建企业大一统信息资源平台，可以有效地帮助企业应用最新的信息技术，深挖企业信息资源，推动财务会计向管理会计转型。管理会计的目标是通过深入分析企业的各种数据资源来优化企业的资源配置。大数据时代的来临为管理会计全面掌控企业信息资源提供了基础，使用 XBRL 技术有助于打通企业信息壁垒，简化企业的数据加工、标记、集成和分析工作，为管理会计的发展和财务职能的转变做出贡献。

XBRL 技术在管理会计领域成功应用的一个案例是中国石油湖北销售公司的"XBRL＋大数据"项目（王嘉良等，2018）。中国石油湖北销售公司是中国石油天然气股份有限公司的下属单位，该公司主要负责中石油在湖北省内的成品油销售和销售网络建设业务。为了提升运营效率，控制运营风险，该公司搭建了基于 Hadoop/XBRL①的数据共享平台，通过集成内部 ERP 系统和外部相关数据，完成了 18 亿条交易数据的整理和转换工作，实现了数据之间的彼此互联，并向信息使用者提供数据分析云服务。该数据平台的搭建取得了明显的经济效益，通过学习加油站和加油卡的海量交易行为，公司设计了油站风险预警模型，通过反复训练降低了的模型的预估误差，实现了加油卡风险、卸油风险、油品损溢风险的实时跟踪及发送。累计减少约 60% 的加油卡套现、损溢超标等违规行为，取得经济效益约 2 200 万元。

四、XBRL 分类标准的自动生成

XBRL 财务报告分类标准是用计算机语言对财务报告中的项目进行描述和分类，它是 XBRL 技术的核心组成部分。企业的财务报告已经包含有一系列描述企业财务状况的分类项目。但使用 XBRL 技术来描述这些分类项目并不是简单地把这些项目复制到 XBRL 中。由于计算机不能识别带有歧义的数据，所以对于财务报告中的各项信息，必须明确地规定它的名称、主体、时间、计量单位等信息，对于其中经常重复使用的信息，比如货币单位、时间区间、小数位精度等，还需要为其设计特定的数据结构。从整个行业的高度来设计企业财务信息的 XBRL 分类标准，需要对行业财务列报范围和 XBRL 技术规范都有深刻的认识。

马修·波维（Matthew Bovee）等在 2005 年提出了一种通过分析企业的 PDF 财务报告来评价和更新 XBRL 行业分类标准的构想。他们首先设计了智能分析系统（financial reporting and auditing agent with net knowledge，FRAANK），这个系统可以自动读取美国电子财务报告采集系统（Electronic Data Gathering, Analysis, and Retrieval System，EDGAR）中的文档，通过智能算法将文档中的数据匹配为与它本身性质最接近的 XBRL 元素。通过统计 XBRL 分类标准中各项元素的使用频率，以及在匹配过程中找不到匹配元素的财务信息项，就可以为更新和修改 XBRL 分类标准指引方向。FRAANK 系统在分析财务数据时无法做到百分

---

① Hadoop 是一款能够对大量数据进行分布式处理的软件框架。用户可以轻松地在 Hadoop 上开发和运行处理海量数据的应用程序。

百精确，但这种计算机自动处理模式可以简化 XBRL 分类标准的归纳工作，将纯人工的 XBRL 分类标准分析转换为半自动分析，为设计人员减轻负担。瓦森达拉·查克拉博蒂和米克洛斯·瓦萨赫伊（Vasundhara Chakraborty & Miklos Vasarhelyi，2010）研究了如何从财务报告的脚注中自动提取分类标准的方法。他们首先从 EDGAR 系统中下载 10K 财务报告，从中提取出脚注信息，对这些信息进行基本的预处理，然后使用层次聚类算法从中自动提取出分类标准。将自动提取的分类标准与美国官方发布的 XBRL 分类标准进行对比，他们发现大多数公司在自定义标准披露财务信息时，都是在过去的基础上不断增添新元素。在会计领域，将分类技术应用于会计概念自动分类研究还有加恩西（Garnsey，2006）等的研究。他们使用智能算法对会计文本中的会计概念进行自动分类，虽然研究对象有别于 XBRL 分类标准，但其研究方法可以供研究 XBRL 分类标准自动生成问题借鉴。

第二章
XBRL研究进展

XBRL 自问世以来，在多个国家和地区得到了广泛的支持，这些支持有的来自政府机构，有的来自实务界和学术界。政府层面的支持使得各个国家和地区分别推出了适合于本国企业会计准则的 XBRL 官方标准和扩展方案；实务界的支持使得大量的 XBRL 项目得以立项并得到应用，为开展 XBRL 理论研究和积累 XBRL 应用经验提供了基础；学术界的广泛参与则使得关于 XBRL 的研究文献大量涌现，不仅夯实了 XBRL 的理论基础，还促进了 XBRL 使用者之间的沟通和交流。

在早期，大部分 XBRL 研究文献集中探讨 XBRL 的应用价值，从不同视角分析了使用 XBRL 技术的风险和收益。随着 XBRL 技术的逐步发展，研究文献开始探讨 XBRL 财务报告的实现框架、分类标准和具体应用问题。近几年，随着应用和研究的持续深入，研究文献开始探索如何将 XBRL 技术与企业内部信息资源相衔接、如何实现 XBRL 信息与互联网信息的转换，以及如何构建 XBRL 技术生态圈等问题。本章就 XBRL 当前的主要研究成果和文献进行梳理和分析。

第一节　XBRL 的理论基础研究

XBRL 技术在我国的学术研究起源于 2001 年，王松年和沈颖玲（2001）、丁玲（2001）和杨松令（2001）分别介绍了使用 XBRL 技术来编制企业财务报告的基本情况。杨松令简要地说明了 XBRL 技术的概念、作用和使用方法，他指出使用 XBRL 可以有效地提高报表编制的效率，为财务分析师、投资者、市场监管人员、财务信息出版商和财务软件供应商利用财务信息提供方便。丁玲首先介绍了 XBRL 的产生背景，说明了它与 HTML 和 XML 语言之间的关联关系，然后指出应用 XBRL 可以简化会计工作程序，实现财务数据的快速检索。她根据美国在应用网络财务报告方面的经验，建议我国进一步完善在线提交网络财务报告的技术，推动上市公司自愿在网上披露财务信息。王松年和沈颖玲深入地讨论了网络财务报告的理论问题，他们对当时流行的互联网信息技术进行了分析，说明了使用这些工具的利弊，对电子财务报告在未来发展的各个阶段进行了展望。在上述分析中，他们指出设计网络财务报告需要考虑的问题，探讨了如何将搜索引擎和网络财务报告相结合，如何让会计概念与网络财务报告的技术载体相协调，以及如何对网络财务报告进行鉴证。最后他们得出结论，上市公司应推广使用 XBRL 技术，并且指出使用 XBRL 技术并不意味着对公众完全开放企业财务状况，而只是按照国家管理法规披露信息。刘炳奇（2003）研究了 XBRL 对财务供应链的影响，他认为对于注册会计师和会计师事务所而言，XBRL 可以让他们集中精力分析企业财务数据，减少手工输入数据的错误；对于需要披露财务报告的企业，使用 XBRL 技术可以提高他们编制财务报告的效率，让他们在网上公布信息更方便，还可以用于编制内部报告；对于证券交易所，XBRL 可以降低他们的营业成本，提高他们的数据挖掘能力和交易效率；对于分析师、投资人员和监管人员，XBRL 可以实现财务数据的自动分析，减少数据的重复输入；对于软件供应商，XBRL 可以改善数据的输入输出流程，提高数据与不同财务分析工具之间的兼容性，为他们开发新型的财务报告分析工具提供便利；对于信息技术顾问，XBRL 为他们提供了新的研究与应用机遇。

2003 年，尼尔·汉农（Neal Hannon）在 *Strategic Finance* 上撰写了一篇文章，向公众解释了开发 XBRL GL 技术的合理性。在文章中，尼尔·汉农指出 XBRL GL 的开发需求最早来自日本的华歌尔公司。在华歌尔公司应用 XBRL 技术来编制企业财务报告时，他们发现财务数据在企业内部也需要在不同信息系统之间发生转移，于是他们考虑是否能把 XBRL 技术应用于企业总账，将财务信息完全标准化，这样就可以在不同信息系统中完全复用。这种需求得到了 XBRL 国际的重视，于是成立了 XBRL GL 的开发项目。XBRL GL 是 XML 技术在财务领域的另一种应用，它能够记录和传送编制商业报告所需的任何财务元素，比如账户、金额和交易日期等。XBRL GL 具有标准的 XML 层级结构，这使得它可以规范化地表示信息，而不必考虑这些信息是出自哪个操作系统或哪个财务部门。这意味着任何账户或金额都可以通过 XBRL GL 分类标准进行转换和传输。一旦最底层的数据都被 XBRL GL 实现了标记，那么这些数据就可以在企业内部被任意使用。对于包含有很多部门和很多信息系统的企业而言，XBRL GL 可以作为一个中间件将这些部门和信息系统连接起来。同时它还可以实现财务报告下钻以及同供应链合作伙伴分享企业信息。

2004 年，埃里克·科恩（Eric Cohen, 2004）探讨了 XBRL 体系设计应该是走向通用化还是专业化的问题。埃里克·科恩是会计信息系统方面的专家，是XBRL 国际的发起人之一，在制定 XBRL 标准和相关政策方面承担了大量的工作。他意识到市场对网络财务报告的披露要求存在着内在的矛盾，一方面，市场希望企业能披露与自身业务密切相关的专门信息，因此要求 XBRL 分类标准专业化，可供披露企业定制；另一方面，完全定制化的 XBRL 财务报告彼此之间会差异很大，从而丧失 XBRL 报告的通用性特征。通过深入地分析该问题，埃里克·科恩认为 XBRL 分类标准无法满足市场对财务报告的所有要求，所以只能遵循通用化的设计思路，而披露企业专门信息则应由企业管理层通过其他披露途径去解决。詹卢卡·加尔贝洛托和尼尔·汉农（Gianluca Garbellotto & Neal Hannon）在 2005 年探讨了 XBRL 作为"商业报告语言"的定位问题。当时 XFRML 被更名为 XBRL 不久，公众普遍接受的还是使用 XML 语言来表示企业财务报告的思想，对 XBRL 了解不多，公众存在着 XBRL 除了能呈送财务报告之外还有哪些用途的疑问。对此，詹卢卡·加尔贝洛托和尼尔·汉农进行了解释说明，他们指出 XBRL 的本质是让计算机理解被加了注解的财务数据，这项技术不仅仅局限于公司财务领域，还可以拓展到任意其他的有数据标注需要的领域，比如商业计划呈报、编制企业内部报告、信息系统之间的数据交换等。他们以最新的 XBRL GL 技术进行了说明。XBRL GL 是 XBRL 技术的进一步拓展，其目的已经不是披露企业财务数据，而是对企业内部交易数据进行注解。它与 XBRL 技术密切相关，可以提高企业业务数据在信息系统和 XBRL 中的使用效率，避免同一数据的重复输入，同时可以提供财务数据的下钻功能，为内部和外部审计人员提供审计线索。

2005 年，国际会计准则委员会委员，也是国际财务报告准则的 XBRL 分类标准开发者，阿兰·特谢拉（Alan Teixeira）撰文探讨了 XBRL 对制定财务报告准则的影响。在当时的研究界，有一种观点认为由于 XBRL 技术能够下钻到企业的内部数据，所以用户要了解企业信息，不必再通过财务报告，可以直接查看企业的会计账簿。因此在未来市场不再需要国际会计准则。对于此种观点，阿兰·特谢拉首先肯定了 XBRL 技术确实能够根据用户的需求灵活地生成各种财务报告，但他指出这并不意味着国际会计准则就成了多余。这是因为对于某些特定经济交易事项的处理，需要用户深入了解该经济交易事项的具体情况，仅通过查询账簿无法了解这些具体信息。比如说因为构建固定资产而产生的借款利息，究竟应该资本化还是费用化，这有赖于具体的会计判断，无法单单依靠 XBRL 技术解决。同样，不同的财务报告准则之间也存在着各自的差异，这些差异只能由准则的制定者来消除，而 XBRL 技术对此无能为力。阿兰·特谢拉认为，作为被广泛接受的信息披露模式，各种财务报告准则还会继续存在下去；而 XBRL 技术的运用会明显地改善市场效率，从而对国际财务报告准则的制定造成影响。实际上，大多数 XBRL 分类标准的制定也都参考了各国财务报告准则的分类项目。

孙文波（2005）对 XBRL 网络财务报告系统的构建流程进行了调查研究。他把整个流程分为了七个阶段，分别是需求分析、系统规划、选择供应商、系统实施、评估及改进、运行及维护和深度挖掘。整个流程的第一个阶段是需求分析，在这一阶段系统开发人员需要确认系统投资方和相关利益方对系统的实施时间、实施方案和功能结构的具体要求。通常执行时，又分为两步，首先组建由各方负责人和高级管理领导组成的项目实施团队；然后完成 XBRL 报告系统的可行性分析。在可行性分析中需要完成下述四个方面的评估：（1）技术可行性。当前技术水平能够实现系统功能要求。（2）资源可行性。需求方具有实现和使用 XBRL 财务报告系统的财力和人力资源。（3）经济可行性。开发该报告系统的收益大于其投入成本，具有经济效益。（4）文化可行性。应用新系统将会带来运营管理效率的提升，但同时也可能引起企业运营流程的变化和人员的裁减。这种变化和调整可能引起企业内部冲突和文化混乱，对此企业是否有相应的解决方案。

第二个阶段是系统规划，这个阶段的任务是完成 XBRL 系统的整体设计。项目实施团队需要对构建系统的全部风险进行评估，建立完整准确的目标系统，划分出 XBRL 报告系统需要实现的所有功能，对系统运行的环境、存储空间、安全性要求和系统结构进行明确的界定。系统与环境之间的数据交换通常都非常复杂，因此需要制作出系统内部的数据流图，标明数据在系统中的导入、产生、传递和流出。在上述任务完成之后，需要评估项目实施的全部预算，做好各个阶段的资源分配计划。在这个阶段，应形成相应的项目文档，如《XBRL 系统说明书》《XBRL 系统实施流程计划书》《项目管理办法》《项目风险控制方案》等。

第三个阶段是选择供应商。在本阶段需要编制和发布招标说明，接收和评估招标申请，比较衡量设计方案，进行项目合同谈判。确定供应商之前，需要对供应商和开发商的技术水平、服务质量、商业模式、投标价格、对 XBRL 标准的熟悉程度，应用 XBRL 技术的综合能力进行综合评估。一般应采用评分的方式对供应商的各方面能力进行评估，选择综合评分最高的 2 名供应商作为谈判对象，谈判过程结束选定一家作为供应商，最终签署合同。合同应包括一切在实施项目中可能遇到的细节，比如项目应分几个阶段完成，每个阶段应分别完成什么任务，双方产生争端应如何协商，如果一方违约需要承担什么样的违约责任等。

第四个阶段是系统实施，是具体将项目设计方案付诸实践。该阶段的主要任务是开发和调试安装 XBRL 报告系统（包括实现系统架构、购置硬件和软件、开发系统、测试系统等），对企业内部使用人员和相关领导、管理人员讲解系统功能，培训系统使用方法。该阶段是项目实施的主要工作阶段，为了保证项目工程的顺利进行，企业与开发商应进行充分的沟通，密切合作，对遇到的问题及时找到相应的解决方案。在开发新系统过程中，要确保已有系统的正常运行。转换系统时，做好新老系统的过渡和衔接。此阶段完成后，需要制定相关的操作手册和管理制度，比如《XBRL 系统操作手册》《XBRL 系统管理办法》《机房操作制度》等。

第五个阶段是评估及改进。这个阶段的主要任务是试运行 XBRL 系统，对系统的功能和运行效果进行记录，针对系统设计的初始目标评估新系统在各方面是否达到或超出预期要求。对项目的成功经验进行总结，对未考虑到的问题进行记录，为下次改进系统实施计划提供资料。

第六个阶段是系统的运行及维护。这个阶段是对系统在日常运行中遇到的设置、更新、故障等问题提供维护服务。需要注意的问题是，在维护系统时要保证系统设备和企业数据的安全，尽量缩短系统维护的时间和频率，不影响企业的正常经营活动。

第七个阶段是深度挖掘。这是 XBRL 系统的应用阶段。由于 XBRL 可以提供全面的机器可读数据，所以企业可以在 XBRL 系统的基础上实施实时的会计控制和管理控制，可以对 XBRL 文件进行深度挖掘，完善企业经营管理制度，简化各种内部外部报告的编制处理流程，同客户供应商实现供应链级的数据共享。

赵惠芳等（2005）针对我国上市公司披露网络财务报告的要求，设计了一种 XBRL 网络财务呈报模型——"上市公司网络财务呈报系统"。该模型由四部分组成,分别是用户终端、XBRL 文件上传服务器、XBRL 文件管理数据库和 XBRL 显示服务器。用户终端是用户与监管机构的 XBRL 处理系统交互的窗口,用户通过终端将编制好的 XBRL 财务报告上传到 XBRL 文件上传服务器,该服务器对 XBRL 文件进行简单的规范处理后传给 XBRL 文件管理数据库存档。当用户需要查询 XBRL 信息时,通过终端连接 XBRL 显示服务器,输入查询请求,XBRL 显示服务器分析查询请求,然后连接 XBRL 文件管理数据库,获取文件,经过转换处理,将查询结果反馈给用户终端,实现 XBRL 的用户服务功能。

艾弗里姆·博里茨和万·诺(Efrim Boritz & Won No,2005)研究了 XBRL 财务报告和 XARL 审计报告在互联网环境下的安全风险问题。他们指出应用网络报告技术需要确保网络报告文件在网络中的传输安全,传统的网络安全防控手段包括账号密码验证(user password verification)、套接层加密(socket security layer,SSL)、传输层加密(transport layer security,TLS)、安全超文本传输协议(secure hypertext transfer protocol,S – HTTP)和虚拟专用网络(virtual private network,VPN)。这其中账号密码验证可以保护数据不会被非法用户使用,但不能保证合法用户接收到的是完整正确的文件;其他的加密措施属于传输层点对点加密,当数据要经过多个中间环节或者有非法程序对文件进行部分破解时,这些加密手段不能确保数据的绝对安全。他们将财务报告在网络上面临的主要风险进行了如下分类:

(1)消息篡改(message alteration)。消息篡改是一种以修改 XBRL 或 XARL 文档编码消息为目的的攻击行为,它会扰乱文本内容,使文本失真。例如,攻击者可以修改 XBRL 信息的一部分,或插入其他信息或者删除 XBRL 消息的一部分。

(2)消息解密(message disclosure)。使未经授权用户获得部分或者整个文档的访问权限的网络违法行为。

(3)消息替换(message substitution,也称为中间人攻击,man – in – the – middle attack)。在用户向服务器申请正常的 XML 文档访问时,攻击者在中间截留正常的网络通信文件,而将自己编造的虚假文档发送给双方,使双方都意识不到自己发送的数据已经被截留和更改。

(4)IP 地址欺骗(IP spoofing)。IP 地址欺骗是一种未经授权用户通过篡改

IP 地址获取系统正常访问权限的非法手段。实施时，欺骗者将自身 IP 地址修改为一个系统认可的合法地址，然后向系统发送 XBRL 服务请求。系统由于无法辨别 IP 地址的真伪，向攻击者提供正常的 XBRL 服务。

（5）拒绝服务攻击（denial of service，DoS）。DoS 攻击是指故意的攻击网络服务器设计的缺陷或直接通过野蛮手段残忍地耗尽被攻击对象的资源，目的是让目标计算机或网络无法提供正常的服务或资源访问，使目标系统的服务系统停止响应甚至崩溃。无论计算机的处理速度多快、内存容量多大、网络带宽的速度多快都无法避免这种攻击带来的后果。而这种攻击通常并不包括侵入目标服务器或目标网络设备，所以这种攻击通常不会窃取数据或破坏服务器的信息资源，但会消耗掉被攻击网站或组织大量的金钱和时间资源。

（6）数据包嗅探（packet sniffing）。数据包嗅探是截取和读取通过共享网络通信信道传输的任何或所有网络流量的行为。通过使用数据包嗅探工具，当服务代理以未加密的 XML 消息传输用户 ID 和密码时，攻击者可以捕获这些用户 ID 和密码。

（7）计算机病毒（computer virus）。计算机病毒指编制者在计算机程序中插入的影响计算机正常使用并且能够自我复制的一组计算机指令或者程序代码。计算机病毒引起的危害包括删除 XBRL 或 XARL 文件、摧毁 XBRL 服务器、为黑客入侵 XBRL 系统提供入口等，它能潜伏在计算机的存储介质（或程序）里，条件满足时即被激活，通过修改其他程序的方法将自己的精确拷贝或者可能演化的形式放入其他程序中，从而感染其他程序，对计算机资源进行破坏。

为了应对这些网络风险，艾弗里姆·博里茨和万·诺定义了基于 XML 文件的网络信息安全标准，这些安全标准包括如下八个方面：

（1）保密性（confidentiality）。当发送方通过互联网将 XBRL 和 XARL 文档发送给接收者时，这些文件必须是保密的，也就是只有发送者和接受者可以阅读文件。

（2）完整性（integrity）。当发送方通过互联网将 XBRL 和 XARL 文档发送给接收者时，文件没有被更改，即预期收件人收到的文档就是发送方发出的文档。

（3）身份验证（authentication）。当用户或系统接收到 XBRL 和 XARL 文档时，发送者和接收者就是文档预定的发送者和接收者。

（4）不可否认性（non - repudiation）。当发送者发送 XBRL 和 XARL 文档后，他不能否认曾经发送过该文件；同样，接收者在接收文件后，无法否认他接收过这个文件。

（5）需授权（authorization）。只有授权用户才能访问 XBRL 和 XARL 文档。

（6）秘钥管理（key management）。凡是在网络上传输的信息都需要进行加密。加密机制必须要同时使用公钥和秘钥，对公钥和秘钥的创建、存储、使用和销毁进行严格管理。对用户的访问和操作行为保留审计线索，该审计线索可以用于检验系统的完整性。

（7）安全执行机制（security enforcement mechanism）。允许财务服务供应商定义通用性的安全策略，该策略可以在不同平台上运行，还可以进行层级权限分配。

（8）审计线索（audit trails）。审计线索是对系统进行的一系列活动所做的记录，例如对用户访问的记录和对用户操作的记录。使用审计线索可以通过监视用户操作行为使得用户对自己的行为更有责任心，可以在系统遭遇故障后重建系统任务，可以发现问题，以及发现系统是否被入侵。

艾弗里姆·博里茨和万·诺建议采用由 IBM、微软等公司共同制定的网络服务安全框架（web services security architecture，WSSA）来实现上述安全标准，WSSA 共包括 7 个标准，分别是 WS - Security、WS - Policy、WS - Trust、WS - Privacy、WS - Secure Conversation、WS - Federation 和 WS - Authorization，其中 WS - Security 处理 XML 信息传递的保密性、完整性和不可否认性要求；WS - Policy 处理安全执行机制要求；WS - Trust 处理秘钥管理要求；WS - Privacy 处理安全执行机制要求；WS - Secure Conversation 和 WS - Federation 处理身份验证要求；WS - Authorization 处理需授权要求。

大卫·普拉姆和玛琳·普拉姆（David Plumlee & Marlene Plumlee，2008）研究了 XBRL 财务报告的鉴证问题，他们指出，美国公众公司会计监督委员会（Public Company Accounting Oversight Board，PACOB）和美国注册会计师协会 AICPA 没有对 XBRL 财务报告的鉴证问题提出明确的要求，当前的审计指引只要求审计人员确认电子系统生成的 XBRL 财务报告是来自公司向 EDGAR 系统输入的财务信息，而没有具体指明在什么情况下应认定 XBRL 财务报告中存在差错，如何定义 XBRL 报告中的"实质性"。他们建议学术界应该开展解决此类问题的学术研究。

第二节　XBRL 的应用效果研究

在早期，XBRL 国际联络小组负责人扎卡里·柯芬（Zachary Coffin，2001）在 *Strategic Finance* 上撰写文章详细地说明了应用 XBRL 技术会给会计实务界带来的变化。他的观点可以归纳为 10 个方面：

（1）所有企业都将使用 XBRL 来披露最新的财务信息，这从整体上构成了国家经济状况的"晴雨表"，公众、政府机构和其他利益相关者能根据最新的经济动态，做出相应的决策。会计师事务所将把业务从大型跨国公司拓展到整个产业链，整个产业链的信息都需要提供鉴证服务。

（2）网络财务报告将促使电子商务变得实时化。企业将根据最新的交易信息，随时调整产品定价和管理措施。这种管理模式将产生大量的会计数据，管理人员的职责是监控其中的关键指标并随时做好即时调整的准备。过去固化的数据库将被更灵活的电子数据文件代替；电子税务将会普及；管理者可以从财务数据下钻到企业的业务数据。透明化的 XBRL 数据将使得各种投资、收购、合并活动的风险大大降低。

（3）XBRL 将消除全球资本市场壁垒。互联网的出现使得产品和服务可以直接面向消费者，消除了地域和中间环节对产品的限制。XBRL 的出现将使得企业能在全球资本市场上寻求投资。同时，无论是私人企业、中小企业还是企业集团都需要对它们披露的财务信息进行鉴证。XBRL 的出现为个人投资者提供了广阔的投资机遇。

（4）政府颁布的监管法规政策也将会电子化。XBRL 将传统财务报告转换为了网络财务报告，这使得计算机可以根据业务逻辑和计算机程序来自动识别和处理财务数据。以后，政府立法者、监管者和标准制定者也能够使用计算机代码来编写他们的政策法规，通过更新分类标准来更新最新的法规制度。相关企业或组织也能立刻接收到最新的信息。XBRL 标志着复杂的监管政策也可以转化成为数字代码，这是社会将逐步数字化的证明。

（5）政府将为自身行为承担更多的责任。在任何国家，当公共部门的信息披露变得更加有效和透明时，公共部门的官僚作风、管理不善和欺诈现象都会减少。有了 XBRL，每年花费在全球政府项目上的数万亿美元将得到更有效的管理。世界银行和国际货币基金组织等组织将要求发展中国家采用符合当今互联网要求的披露系统和风险控制措施。正如电子商务和日益增长的跨国贸易促进了跨境条约和跨境组织（如关贸总协定、世界贸易组织等）一样，私营企业和公共部门使用 XBRL 报告的全球化将预示着对诸如国际货币基金组织、国际清算银行、经济合作与发展组织、世界银行和联合国的责任越来越大。

（6）信息供应链将会消除很多中间环节，或者对这些中间环节的职能重新界定。当分析师可以从 XBRL 财务报告中找到所有财务信息时，那么他就没必要再雇人帮他专门收集信息。同样，当投资者可以从智能数据分析系统中得到财务分析数据时，他就没有必要再去看分析师提供的分析数据。这些信息供应链的中间服务环节还会尽力挖掘能让它们存在的新价值，但从整体上看中间环节的精简不可避免。金融评级机构将与金融服务机构合并；金融出版商将变为金融媒体机构的一个组成部分；小型和中型的会计师事务所将为了提升效率而合并，以对抗大型会计师事务所强有力的竞争；大型会计师事务所将互相合并，或与保险公司合并，以实现全球化的规模效益。

（7）公司将把网络财务报告视为数字媒体。XBRL 将纸质报告转换为通用的电子文档。公司可以借助互联网了解这些虚拟文档的使用方式、使用者以及使用用途。围绕着这些虚拟文档的权限管理可能会出现新的业务内容和服务模式，比如如何允许用户使用这些虚拟文件，如何借用流媒体的形式来传输电子文档，是否允许用户彼此之间传递文档，审计师可否收取低额费用向用户提供虚拟文档的鉴证服务，跟踪用户是如何在彼此之间交换文档的。与其他互联网媒体一样，XBRL 代表着一种尚未被开发的将企业与用户相连的方式。通过 XBRL，企业可以了解用户的需求、使用习惯和偏好。通过接收用户反馈，企业会更了解它的核心客户和利益相关者。

（8）对非财务信息和财务信息的认证变得同等重要。会计师事务所将把注意力从对公司财务业绩的认证转向预测其财务状况，认证 XBRL 标记信息的完整性和可靠性，认证各种非财务信息，比如客户满意度、员工离职率或环境资源影响报告等。随着财务报告也成了一种商业行为，专业财务人员将会越来越多地尝试发掘、解释和评估各行各业企业内部的非定量数据，这些数据可能来自人力资源领域，也可能来自客户关系管理领域。

（9）采用美国公认会计准则，还是采用国际会计准则的争论变得毫无意义。XBRL 使得公司编制报告更容易，并且由于 XBRL 可以直接应用于公司的总账和日记账，所以使用不同的会计准则来编制公司财务报告也会变得更容易。如果企业的财务报告是用美国公认会计准则编制的，那外部分析师或投资者永远无法将该财务报表从美国公认会计准则转换为国际会计准则。但这个问题在 XBRL 环境下不复存在，只要有内部财务数据的访问权限，财务报告编制人员就可以按照任何准则来生成网络财务报告。同样，审计师也可以校对在不同准则下生成的财务报告。

（10）公司将会普及网络财务报告技术。XBRL 互联网财务报告最终将形成一个全球互联、实时报告的有机整体。使用 XBRL，公司可以更快地结账；审计人员将与客户保持同步，通过持续审计系统来跟踪每笔交易和 XBRL 文档的每条记录；债权人和信用保险公司可以通过 XBRL 来监控借款人的经济行为；每个公司都会获得在 XBRL 中被标准化的实时信用评级；每个公司都能实时评估其贸易伙伴的经营状况；商业行为中的报告和分析环节最终实现了电子化。

扎卡里·柯芬（Zachary Coffin）从全球化、系统化的角度来阐述了 XBRL 技术会给全球商业带来的巨大变化。他对 XBRL 技术的理解非常深刻，同时富有前瞻性。但是他低估了在全球统一实行 XBRL 化的难度，他原本预见上述的变化会在 2008 年以前全部实现，但时至今日，统一全球的 XBRL 信息资源还任重道远。

莫里库尼·哈瑟卡瓦等（Morikuni Haseqawa et al.，2004）介绍了 XBRL GL 技术在企业中成功应用的首个案例——日本华歌尔公司的华歌尔会计重组项目（Wacoal Accounting Reengineering Project，WARP）。华歌尔公司是一家成衣制造商，主要经营成人与儿童的睡衣和内衣的生产和销售。它在全球有 36 家分支机构，产品行销世界各地，总共拥有员工 10 000 多人，年营业额超过 1 600 亿日元。由于历史的原因，在 2001 年，华歌尔内部共有 32 种彼此独立的信息系统，大部分系统都被使用了很长时间，最老的系统使用年限超过 10 年。当时，由于日本经济开始衰退，成衣市场又涌现出像中国这样的竞争对手，华歌尔迫切需要提升内部和外部运营效率来保持它自身的竞争力。与此同时，日本开始推行网络化财务报告。于是华歌尔在 2001 年 10 月启动了 WARP 项目，项目目标为：（1）实现实时现金管理；（2）建立管理会计系统以支持决策；（3）降低间接成本；（4）按照国际标准统一企业会计系统。

华歌尔委托日立公司（HITACHI）为项目提供技术支持。日立公司经过调研发现华歌尔的主要问题是各种业务系统，如销售、采购、工资和财务系统，没有统一的设计，各种在巨型机、微机、UNIX 服务器和 Windows 服务器中创建的数据需要通过手工在不同机器系统中转换，这导致数据复用率低，易出错，系统运行效率降低。于是日立公司提供了两种系统改造方案：一是放弃原有的所有信息系统，从整体上开发一套新信息系统；二是仅重新更换财务系统，使用 XML 技术实现财务系统与其他业务系统的信息交换。

使用第一种方案，能够实现系统的一体化设计，但存在较大的系统实现风险。考虑到华歌尔是一家大型的跨国企业，如果重新设计新系统，会导致系统实现周期非常长，难以应对成衣市场日益加剧的市场竞争，所以最终选择了方案二。日立公司向华歌尔推荐购买了甲骨文公司（Oracle）的 E – Business Suite 作为新的财务系统，使用 XBRL GL 作为数据交换技术来连接财务系统和业务系统。日立公司为华歌尔开发了一套 XBRL GL 数据转换系统——the Hitachi XBRL GL Auto – Journalizing System。这套系统首先将业务系统传递来的文档转换为标准的 XBRL GL 文件，然后将该 XBRL GL 传入财务系统进行汇总处理。这个方案在 2003 年 4 月成功实施，取得了极大的成功，并且相比于重新建立一个新的 ERP 系统，使用这种方案所花的时间要少得多。经过 XBRL GL 标注的数据不仅可用于公司内部账务处理，还可以用于报税和对账。

新系统大大地提高了财务信息质量，为管理人员决策提供了有力的支持。它还能实时地从采购、销售、材料、工作流和库存等不同系统中收集财务信息。管理层可以从系统中接收中期财务数据，这为他们分析企业绩效提供了更多的时间。总体上来看，WARP 项目的实施使得华歌尔公司的信息系统取得了下述的改进：（1）可以灵活地与不同信息技术系统进行对接；（2）信息质量大幅提高；（3）符合 XBRL 开放标准，能与其他 XML 数据源兼容；（4）系统实施周期短，易于升级改造；（5）由于业务数据实现了 XBRL 标记，用户无须专门培训就可以查询信息系统。

刘勤（2006）对 XBRL 技术应用的四种流行观点进行了质疑，通过深入探讨得出了一系列对推广 XBRL 技术有价值的结论。他所质疑的 4 种观点分别是：（1）只要公司采用 XBRL 财务报告披露信息，投资人及利益相关者就能够方便地从 XBRL 文档中提取自己所需要的信息。这种观点忽视的问题是信息使用者不能共享企业发布的信息是由多方面因素造成的，既有数据存储形式的问题，也有披露指标体系和披露动机的问题，使用 XBRL 技术只能解决披露形式的问题，而无法克服披露指标体系不一致和企业不愿意披露真实信息的问题，所以使用 XBRL 技术并不能一劳永逸地解决财务信息共享问题。（2）使用 XBRL 技术后，信息使用者可以方便地进行跨公司、跨行业、跨国家的财务信息对比。实际上，不同行业的公司所使用的分类标准会不尽相同，不同国家的公司遵循的会计准则不尽相同，要想所有公司的财务数据可以完全类比，必须在全球范围内统一会计准则，统一分类标准。而这些要求在当前的经济环境下还难以实现。（3）XBRL 是一种统一的、开放的、经济的和高效的财务信息存储和处理手段。实际上 XML 是一种冗余数据，为数据进行标记会使得数据存储占用更多的空间。当前的关系型数据库无论是从效率还是从功能上都比 XBRL 数据体系更好。因此还不宜于立刻用 XML 数据存储体系替代成熟的数据库存储体系。（4）XBRL GL 账簿分类标准的发展将会使 XBRL 技术延伸到企业内部，用于在各种信息系统之间完成数据传输、处理和转换。这种观点同样没有考虑到 XML 文件体积过大，处理效率较低，功能不够完善的问题。在企业内部广泛使用 XBRL GL 数据，将需要定义符合企业特殊要求的分类标准，这将额外给企业带来经济负担和风险。

朱建国和李文卿（2010）对 XBRL 技术在上海证券交易所和深圳证券交易所的应用情况进行了对比分析。他们指出上交所和深交所在 XBRL 应用上均取得了骄人的成绩，上交所的分类标准得到 XBRL 国际的认可；深交所推出的"XBRL 应用示范"实现了通过网站显示上市公司的年报实例文档，在国际上引起重大反响。两个交易所在具体应用方面又有所不同，上交所采用的是自己开发的"中国上市公司信息披露分类标准"，而深交所使用的是证监会组织制定的《上市公司信息披露电子化规范》中的分类标准。分类标准不一致导致信息使用者难以利用 XBRL 实例文档中的财务信息进行横向比较，客观上为 XBRL 报告的应用造成困难。同时两个交易所都没有提供开放的名称空间，所依据的分类标准不支持开放性的数据访问和验证，这导致了普通用户无法使用 XBRL 应用软件来自动分析 XBRL 财务报告中的数据，使 XBRL 技术的优势没有得到最充分的利用。同时上述原因也客观上影响了软件公司以 XBRL 技术为核心设计软件产品的积极性，这使得 XBRL 技术的应用相对封闭。所以朱建国和李文卿建议通过开放分类标准名称空间、开放实例文档制作和验证环境来促进 XBRL 技术生态环境的建设。

曾建光等（2013）研究了 XBRL 财务报告的强制披露对我国开放式基金市场造成的影响。在基金代理投资中，由于委托资产的"管理权"和"所有权"发生分离，基金公司的利润最大化投资目标与基金投资者财富最大化的投资目标存在冲突。对于开放式基金，投资者可以通过赎回来处理基金投资中的代理问题。随着证监会强制要求中国所有开放式基金使用 XBRL 呈报财务报告，市场预期投资者的信息搜集成本将会明显降低，投资者将会更容易地比较不同开放式基金的绩效，从而迫使基金经理人更加努力地为投资人创造价值，这将有助于解决开放式基金的代理问题。曾建军等以 2008～2011 年的中国开放式基金为样本，通过实证分析证明了采用 XBRL 之后，开放式基金的代理成本下降了，绩效上升了。这说明 XBRL 是一种有效地解决开放式基金代理问题的工具。

史永和张龙平（2014）研究了 XBRL 财务报告强制披露对我国证券投资市场的影响。我国证券市场的股价波动同步性位于世界前列，XBRL 技术的使用可以有效地提高投资者的信息处理效率，帮助投资者挖掘企业信息，使股价能充分地反映企业的特质信息，从而降低股价同步性，提高资本市场的配置效率。史永和张龙平选取了从 2007～2012 年中国 A 股上市的非金融类公司的年度数据为研究样本，剔除其中的无用数据，共取得 8 436 个观测样本。对这些样本进行实证研究，发现 XBRL 财务报告的实施能够有效地降低股价同步性。同时，上交所和深交所实施 XBRL 财务报告的方式存在差别，上交所使用自主开发的 XBRL 信息披露分类标准，提供 XBRL 实例文档的浏览查看功能，投资者可以选取同行业不超过 3 家上市公司进行财务分析；深交所使用 XBRL 国际 2.1 标准和 FRTA 1.0 框架，允许用户浏览查看上市公司的主要指标、资产负债表、利润表和现金流量表的内容，并对不超过 4 家的公司进行横向对比。实证研究发现，虽然上交所和深交所实施 XBRL 财务报告的方案存在差异，但两种方案在降低股价同步性的效果上是等效的。

陈宋生等（2015）基于财务价值链视角探讨了 XBRL、公司治理与权益成本之间的关系。国内资本市场由于起步较晚，上市公司与投资者之间存在较为严重的信息不对称现象，基于 XBRL 技术的信息披露可以降低投资者的信息处理成本，缓解证券市场大小投资者之间信息分布不均衡的问题。高质量的财务信息通过风险感知、决策等因素最终会反映到较低的权益成本上。所以 XBRL 财务报告的实施预期能有效地降低权益成本。陈宋生等选取了沪深股市所有 A 股非 ST 上市公司进行了调查研究，实证分析结果表明 XBRL 财务报告的实施能有效地降低权益成本，并且相较于治理水平低的公司，高治理水平公司的权益成本下降幅度更大。

第三节　XBRL 的分类标准研究

高锦萍和张天西（2006）研究了我国 XBRL 分类标准与上市公司披露项目之间是否完全匹配的问题。他们选择了 12 个行业共 117 家公司作为调查样本，研究了这些公司在财务报告附注中自愿披露的信息与 XBRL 分类标准之间的匹配度关系。为了比较详细地说明差异情况，附注差异内容被进一步地分为"资产负债表项目差异""利润表项目差异""现金流量表项目差异""会计政策及其他差异"。研究结果发现：（1）上市公司财务报告附注中披露的内容与 XBRL 分类标准中提供的项目存在较大差异，样本平均差异数为 78.46，即每个公司平均有 78.46 个项目未能在分类标准中找到对应元素；（2）大部分差异项目属于很多公司采用的但没有在分类标准中得的定义的项目，这意味着需要对通用分类标准进行进一步的完善和扩充；（3）资产负债表附注项目的差异最大，一方面是因为资产负债表要求披露的项目最多，另一方面也说明分类标准在披露资产负债表方面还需要进一步地完善。最后，高锦萍和张天西建议鉴于当前我国 XBRL 分类标准与企业财务信息披露实务之间还存在较大差异，所以还不宜强制推广 XBRL 技术的应用，应先组织专家学者完善 XBRL 标准的编制工作，避免

XBRL 财务报告披露与企业纸质财务报告披露内容不一致。

李立成（2008）研究了在我国建立 XBRL GL 分类标准的问题。XBRL GL 是针对企业经营业务和会计明细信息制定的规范，使用 XBRL GL 可以在不同的会计平台上传递数据，支持审计从财务报告下钻至相关明细信息，还可以建立各种分类账信息的标准格式。但在我国应用 XBRL 国际颁布的 XBRL GL 分类标准存在下述问题：（1）不符合我国会计准则要求。XBRL GL 分类标准是依循国际会计准则制定的，我国会计准则与国际会计准则还存在差异，所以 XBRL GL 标签不能完全通用。（2）没有考虑我国其他法规的要求。应用 XBRL GL 不仅要符合我国的会计法和会计准则，还需要符合我国的税法、证券法等其他相关法律。XBRL GL 国际标准对这些要求没有进行充分的考虑。（3）XBRL GL 使用英语作为标准叙述语言，不适合我国用户的使用习惯。

根据上述问题，李立成提出了制定我国 XBRL GL 的基本原则：要符合我国会计准则的要求；要符合 XBRL GL 的一般规范；要便于国际间财务信息的交流；要适应网络发展的新趋势；提高数据的共享程度和可拓展性。

邦森等（Bonson et al.，2009）研究了根据国际财务报告准则（international financial reporting standards，IFRS）制定的 XBRL 分类标准与欧洲上市公司财务报告需求之间匹配度关系。邦森等认为只有在 XBRL 分类标准具有很强的全球通用性时，使用 XBRL 编制的网络财务报告才会具有横向的可比性。因此他们在欧洲选取了 77 家按照 IFRS 要求披露财务报告的上市公司，通过对比他们的纸质版财务报告和 XBRL 电子财务报告，邦森等发现 IFRS 的 XBRL 分类标准可以满足大多数上市公司的财务信息披露需要，但对于银行业和保险业，IFRS 的分类标准尚不能完全满足他们的要求，所以需要对这两个行业分别进行分类标准扩展。同时他们的研究还表明 IFRS 的分类标准正在逐步完善，因为最新的分类标准对企业信息披露需求的覆盖要比早期分类标准广。

杨周南等（2010）研究了 XBRL 分类标准认证的理论基础和方法论。他们指出建立 XBRL 分类标准需要以第三方非营利组织理论、本体论、软件体系架构理论和软件成熟度模型理论为基础。其方法学体系包括认证客体、认证主体、认证类别、认证模型和认证方法五个要素。

李争争和张天西（2013）对如何评估 XBRL 分类标准的创建质量进行了研究。他们将分类标准的创建模式划分为元组和维度两种模式，其中上海证券交易所制定的"上市公司信息披露分类标准""金融业上市公司信息披露分类标准""基金公司信息披露分类标准",深圳证券交易所制定的"上市公司信息披露分类标准"和中国证券监督管理委员会制定的"证券投资基金信息披露分类标准"属于元组模式；财政部制定的"基于企业会计准则的通用分类标准""石油和天然气行业扩展分类标准"和中国银行业监督管理委员会制定的"银行监管报表 XBRL 扩展分类标准"属于维度模式。他们以成本效益原则和相关性作为评价分类标准质量的标准，据此定义了分类标准的创建总成本、创建总收益、创建效率、语义相关性和创建质量测度。通过对比研究财政部的通用分类标准和上交所的工商业分类标准，他们认为通用分类标准总体上创建质量优于上交所工商业分类标准，其创建效率提高了 49%，但上交所工商业分类标准的语义相关性优于通用分类标准，相关性约高出 9%。该研究为评估 XBRL 分类标准的质量创建了理论模型和检验标准，为今后改善 XBRL 分类标准制定效率和扩展行业性的 XBRL 分类标准提供了实证依据和案例支撑。

应唯等（2013）对国际上 38 种 XBRL 分类标准进行了系统的分类研究，他们将分类标准的制定规范大致分为 4 类：基于会计准则的架构模型、基于行业领域的架构模型、基于报告模板的架构模型和基于技术规范的架构模型。基于会计准则的架构模型是按照各国具体的会计准则的逻辑结构来组织文件，这种方式可以按照会计人员熟悉的会计准则结构来设计标准，这样设计的标准便于会计人员理解和接受，当前国际会计准则理事会所制定的国际财务报告准则分类标准、中国财政部发布的通用分类标准、荷兰政府发布的荷兰国家分类标准和英国皇家税务与海关总署发布的英国分类标准均采用这种结构。基于行业领域的架构模型是按照某个国家具体行业的特点来制定分类标准，这种方式是对通用分类标准进行的具体拓展，可以满足用户特定的披露要求，突出行业特点，减少数据出错率。澳大利亚标准商业报告项目分类标准、日本投资者网络电子披露分类标准和美国通用会计准则分类标准均采用这种架构模型。基于报告模板的架构模型是按照不同的财务报告模板来设计分类标准，这一种模式针对上市公司披露财务信息而设计，便于直接应用，需扩展性少。小额信贷信息中心的 MIX Microfinance 分类标准、欧洲银行监管委员会的共同报告分类标准和财务报告分类标准均采用这种架构模型。基于技术规范的架构模型按照 XBRL 技术规范来设计分类标准，它的优点是结构清晰，设计难度较低，容易实现，缺点是过于简单，不利于分类标准的拓展和扩大。加拿大通用会计准则分类标准、巴西通用会计准则分类标准、新西兰通用会计准则分类标准和印度一般工商业分类标准均采用这种架构模型。国际财务报告准则分类标准早期采用过这种结构，但后来随着规模的扩大，更换为基于会计准则的架构模型。

第四节　XBRL 在审计领域的应用研究

2002 年，扎比霍拉哈·瑞扎伊等（Zabihollah Rezaee et al.）在《持续审计：未来的审计》[①] 一文中谈到了 XBRL 技术的出现对审计的影响。他指出由于技术手段的限制，传统的财务报告无法对企业的经济业务进行实时反馈，企业已经发生的交易事项必须等到几个月后才能在财报中得到披露。在这种情况下，审计成为一种对企业财务报告中的数据进行事后检验的作业。随着 XBRL 技术的出现，企业可以实时地披露财务数据，而企业外部利益相关者也可以通过 XBRL 了解企业最新的动态。所以随着电子财务报告的普及，持续审计将很可能成为一种普遍使用的设计模式。扎比霍拉哈·瑞扎伊等将持续审计定义为，一种可以让审计人员在信息披露的同时或之后很短时间内就能对披露信息进行某种程度认证的通用性审计过程。持续性审计的优点包括：（1）扩大了审计范围，降低了分配审计任务的成本；（2）节省时间成本，审计人员不再需要手工检查交易和账户余额；（3）允许审计人员更多地关注客户的业务特点和内部控制结构，提高了财务审计的质量；（4）允许审计人员设定标准来选择测试交易，可以全年持续地进行控制测试和实质性测试。

为了让会计师和审计人员能够应对未来的持续审计作业，扎比霍拉哈·瑞扎伊等建议立刻在会计专业教育中引入电子商务和实时会计系统课程，在审计课程中引入持续审计的内容；随着持续审计的发展和完善，在未来将系统分析与设计、数据仓库、数据挖掘、数据库管理信息系统、电子财务报告和 XBRL 引

[①] Zabihollah Rezaee, Rick Elam, Ahmad Sharbatoghlie. Continuous Auditing：The Audit of the Future. Managerial Auditing Journal, 2001, 16（3）：150 – 158.

入审计专业的教学课程。

欧阳电平和龚云蕾（2007）研究了 XBRL 技术给审计工作带来的影响。她们指出 XBRL 格式的财务报告与传统格式的财务报告在结构上存在不同，这会给审计工作带来一定的变化，首先，被审计单位的财务报告信息出现存储和显示的分离，这会引入新的风险；其次，审计不仅要审查报告中存储的财务内容，还需要检查 XBRL 报告中的分类标准和标签是否运用正确，这扩大了审计的内容；最后，使用 XBRL 格式来披露财务报告实现了财务信息实时披露，为在线审计提供了基础。她们认为审计人员要打破长期以来审计查账的思维定式，通过知识更新，掌握使用计算机辅助审计工具，通过对被审单位的数据进行分析测试来控制审计风险，提高审计效率。

第五节　XBRL 在其他领域的应用研究

2001 年，XBRL 国际战略工作小组的联合主席 Louis Matherne 与 XBRL 国际联络组主席 Zachary Coffin 联合撰文论述了 XBRL 技术对企业报税工作的影响。他们指出，截至 2001 年，大多数美国公司都是采取"手工＋半自动化"的模式来申报税务，使用这种模式，企业在编制税务报告和按照税务机关的各项要求来调整税务报告时都会花费大量的时间。同时，使用 Word、Excel 和其他应用软件来转抄税务数据很不方便。为税务呈报设立电子报送标准可以缩减呈报费用，降低报告呈送失败的发生率，减轻税务申报人员的负担。随着 XBRL 技术的问世，在税务申报中应用 XBRL 会有如下的四项优势：（1）改善电子报税模式；（2）使电子报税步骤流程化；（3）为企业节税提供更好的数据分析技术；（4）实现实时、定制化的税务申报。

2004 年，王睿泉使用 Visual Basic 编程语言在 XBRL 的基础上进行了财务分析功能的二次开发。该应用程序遵循美国公认会计准则的分类标准，通过读取 XBRL 文件来分析各项财务数据，比较财务状况，辅助财务决策。应用程序支持多公司扩展，在 XBRL 标准不发生变动的前提下，可以保证数据分析的有效性，避免数据文件的二次输入，提高了财务分析工作的效率。

　　上述研究是当前 XBRL 在应用过程中所取得的主要研究成果。由于 XBRL 技术在全球应用范围甚广，本章主要归纳了 XBRL 的通用性研究结论和适合我国国情的 XBRL 研究观点。

第三章
XBRL技术基础研究

理解 XBRL 技术需要了解标记语言的基础知识。从技术角度而言，标记语言的使用规则并不复杂，复杂的是如何根据实际应用的需要，为标记语言制定一套统一的规范，使该规范能满足合规性、完备性、简洁性、易于扩展性等要求。本章从基本的 HTML 标记语言开始，逐步分析 XBRL 技术中用到的 XML、DTD 和 XML Schema 等工具。

第一节　标记语言基础

应用最广泛的标记语言是超文本标记语言 HTML。首先，要理解 XBRL 的原理，需要对 HTML 语言有一定的了解。这是因为研究 XBRL 的目的是实现网络化财务报告，而 HTML 本身就是一种网络财务报告的实现工具；其次，XBRL 文档的主要功能是存储财务信息，要将这些财务信息发布到互联网上，需要将相关财务信息转换为对应的网页，这牵涉到一系列的互联网技术，HTML 是其中不可或缺的一种；最后，对于初学 XBRL 的新用户而言，需要通过可视化效果来帮助他们理解标记语言的功能和作用，HTML 语言可以将标记语言文档立刻转换为对应的网页，让用户感受到标记语言的作用和魅力，激发他们的学习兴趣，所以介绍标记语言先从 HTML 语言开始是一个比较好的选择。

HTML 诞生于 20 世纪 90 年代，它的发明者是英国计算机科学家蒂姆·伯恩斯－李。蒂姆·伯恩斯－李早期在欧洲核子研究组织（European Organization for Nuclear Research，CERN）工作，他被委任开发一个可以让欧洲各国的物理学家通过计算机网络共享最新的数据、文件和图像资料的计算机软件。为了顺利完成这项任务，他萌发了创建全球互联信息网的想法，经过不懈努力，他研制成功了世界上第一款浏览器"ENQUIRE"，建立了第一个互联网网站，发明了用于编制互联网网页的标记语言 HTML。HTML 的设计思想来源于 IBM 的 SGML 语言，Web 浏览器使用 HTML 可以将文本、图像和其他材料经过解释和组合合成为可视或可听的网页，通过这些网页，人们可以自由地传输信息并相互交流。蒂姆·伯恩斯—李秉承自由、公开、免费的技术原则，成立了 W3C 组织，将

HTML 免费向世界开放，这使得 HTML 迅速地在全世界得到广泛支持，成为 20 世纪最重要的发明之一。

HTML 文档的结构并不复杂，它是纯粹的文本文件，使用任何文本编辑器都可以对它进行编辑。代码 3 – 1 是一个简单的 HTML 文档，使用记事本将它输入完毕后，保存为"test. html"，然后用 Internet Explorer 浏览器打开，可以看到图 3 – 1 显示的画面。

代码 3 – 1 HTML 文件示例

```
< html >
  < head >
    < title > 货币资金 </title >
  </head >
  < body >
    < p > 库存现金:1000 元 </p >
    < p > 银行存款:30000 元 </p >
  </body >
</html >
```

图 3 – 1　HTML 文件显示效果

在代码 3 – 1 中，整篇 HTML 文档是由一系列成对的开闭标签（也称元素）组成的，比如像 < html > 和 </html > 、< body > 和 </body > 等，这里面带有

"/"符号的是闭合标签（也称结束标签），不带的是开放标签（也称开始标签）。所有成对标签都包含在 <html> 元素内，凡是在 <html> 中出现的其他元素，都称之为 <html> 的子元素，如代码 3-1 所示，<html> 元素中包含两个子元素，分别是 <head> 和 <body>。实际上这是 HTML 文档的统一结构，所有HTML 文档都以 <html> 为根元素，而在 <html> 中又包含 <head> 和 <body> 两个子元素。<head> 元素描述的内容是网页的基本信息和主题，比如在代码 3-1 中，它包含 <title> 元素，该元素包括的内容"货币资金"指明该网页的标题是"货币资金"，在图 3-1 中显示为标签页上的名字。<body> 元素描述文档的主体，在它里面定义的内容，比如文本、图像、超链接和表格等，会显示在网页中。在代码 3-1 中，<body> 元素包含两个 <p> 元素，<p> 元素表示网页中的文本段落，所以其中包含的内容"库存现金:1000 元"和"银行存款:30000 元"在图 3-1 中以段落的形式呈现。

从代码 3-1 可以看到，HTML 文档结构简单，语义清晰，只要掌握了标签的正确用法，就能编制出符合用户要求的网页，所以学习 HTML 主要是学习 HT-ML 标签的使用方法。下面我们对 HTML 的常用标签进行简单的介绍。

一、HTML 基本标签

HTML 常用的基本标签除了上文提到的 <html> <body> <head> <title> 和 <p> 外，还有如下一些：

➢ <h1> <h2> <h3> <h4> <h5> <h6>：这是六个表示标题（headline）的标签，标题字体的大小从 <h1> 到 <h6> 依次递减。

➢
：表示换行，使用该标签后，下边的文字会另起一行显示。由于该标签中不可能包含内容，所以使用时可以不用成对书写，仅单写
 或 </br> 即可。

➢ <hr>：显示一条水平线。

➢ <div>：定义文档中的小节。

➢ <!-- -->：为 HTML 文档中的标签提供注释信息。包含在"<!—"和"-->"之间的是注释内容，浏览器不会解释注释内容。

➢ ＜b＞：将文本加粗（bold）显示。在＜b＞和＜/b＞之间的内容将显示为粗体。

➢ ＜i＞：斜体（italic）显示。在＜i＞和＜/i＞之间的内容将显示为斜体。

➢ ＜small＞：定义小号字体文本。

➢ ＜sup＞：定义上标文本，如"x＜sup＞2＜/sup＞"将显示为"x^2"。

➢ ＜sub＞：定义下标文本，如"n＜sub＞1＜/sub＞"将显示为"n_1"。

➢ ＜blockquote＞：定义一段引用文本，被引用文本将以特殊的缩进和行距显示，与正文分开。

➢ ＜del＞：定义文档中被删除的文本，一般以中划线的形式显示，如"核销"。

➢ ＜ins＞：定义文档中插入的文本，一般以下划线的形式显示，比如"现金"。

代码 3-2 是应用上述标签的一个 HTML 例子，显示效果如图 3-2。

代码 3-2　HTML 文件示例

＜html＞

　＜head＞

　　＜title＞科目与账户＜/title＞

　＜/head＞

　＜body＞

　　＜h1＞会计科目和账户的关系？＜/h1＞＜br＞

　　＜h3＞2018-08-10 10:29＜/h3＞

　　＜hr＞

　＜div＞

　＜ins＞会计科目＜/ins＞就是对＜b＞会计要素＜/b＞的具体内容进行分类核算的项目。

　＜/div＞

　＜p＞账户是根据会计科目在账簿开设的＜i＞记账单元＜/i＞。＜/p＞

　＜div＞二者的区别：＜/div＞

　＜blockquote＞

会计科目仅仅是指账户的名称,而账户除了有名称(会计科目)外,它还具有一定的格式、结构、具体表现为若干账页,是用来记录经济业务的载体。

 </blockquote >

 </body >

</html >

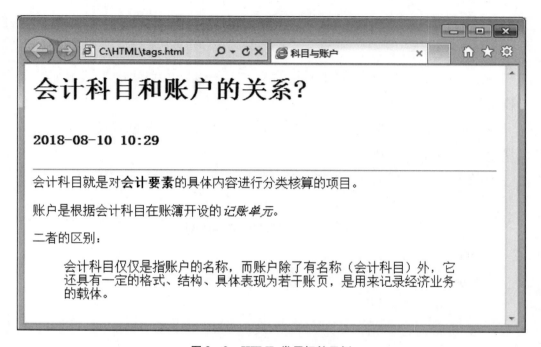

图 3 - 2 HTML 常用标签示例

二、HTML 超链接标签

  超链接(hyperlink)是 HTML 网页的一个重要特征,它允许用户从当前网页跳转到其他互联网资源。承载超链接的标签是 < a >,代码 3 - 3 给出了一个使用超链接标签的简单例子。在图 3 - 3 中,包含在标签 < a > 和 </a > 之间的内容是超链接在浏览器中的显示内容,它通常是有色字体并带有下划线,鼠标指向它时会呈现可点击状态,如图 3 - 3 所示。单击以后会链接到"href"所指向的网络资源"https://www.xbrl - cn.org/"。"href"是元素 < a > 的属性,所谓属性是对元素的性质或它所处的语境提供的补充说明。元素一般含有两项信息，一项是元素名，另一项是元素内容，通常元素名是对元素内容作的注释。但对某些复杂信息，仅通过元素名还不能把该信息注释清楚，所以需要一些其他注释来说明该信息，于是就产生了属性。属性是元素的附加信息，在格式上，属性位于开标签内，在元素名后，前后用空格分开。属性有两个部分，一个是属性名，比如代码 3－3 中的"href"；另一个是属性值，比如代码 3－3 中的"https：//www. xbrl－cn. org/"，表示指向的外部资源的地址，包括在双引号内；两者之间用等号赋值。一个属性的可取值可能有多个，取不同值时表示不同性质的元素，比如 < a > 元素还可以定义"target"属性，当"target"为"_self"值时，表示点击超链接后在当前页面打开外部资源；当"target"为"_blank"值时，表示点击后会打开一个新标签来链接外部资源。

代码3－3　超链接示例

< html >
　< head >
　　< title > XBRL < /title >
　< /head >
　< body >
　　< p > 进入 XBRL 中国,点击 < a href = https：//www. xbrl－cn. org/ > 这里
　　< /a > < /p >
　< /body >
< /html >

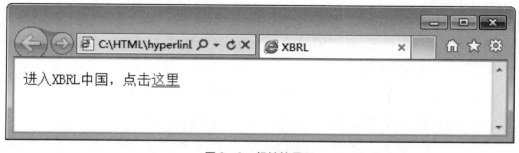

图3－3　超链接显示

三、HTML 列表相关元素

在 HTML 中, 有专门用于显示列表的元素。列表分为有序列表和无序列表, 其中具体的标签和属性有如下一些:

➢ < ul > : 定义一个无序列表 (unordered list), 其中包含若干子元素 < li >, 表示列表项。

➢ < ol > : 定义一个有序列表 (ordered list), 其中包含若干子元素 < li >, 表示列表项。该元素可定义下述两项属性:

■ start: 表示列表项编号的起始数字, 对数字编号默认从 "1" 开始, 如果 "start" 设为 "2", 则编号从 "2" 开始, 以下依次递增。

■ type: 表示列表项编号的种类, 取 "1" 表示使用数字编号; 取 "A" 表示使用大写字母编号; 取 "a" 表示使用小写字母编号; 取 "I" 表示用大写罗马数字编号; 取 "i" 表示用小写罗马数字编号。

➢ < li > : 定义一个列表项。

代码 3 - 4 定义了一个列表 HTML 文档, 显示效果如图 3 - 4 所示。

代码 3 - 4   HTML 列表示例

```
< html >
  < head >
    < title >XBRL 技术规范 </title >
  </head >
  < body >
    < p >《可扩展商业报告语言(XBRL)技术规范》</p >
    < ol start = 1  type = a >
      < li > 第 1 部分:基础 </li >
      < li > 第 2 部分:维度 </li >
      < li > 第 3 部分:公式 </li >
      < li > 第 4 部分:版本 </li >
```

```
        </ol >
      </body >
  </html >
```

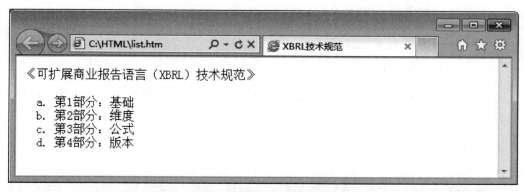

图 3 – 4   HTML 列表显示

四、HTML 图像相关元素

HTML 使用标签 < img > 插入图像，相关元素和属性定义如下：

➢ < img >：该标签专门用于显示图像（image），所以没有内容，是一个空标签。所谓空标签是指没有闭合标签的标签，它通常表示非文本数据，所以不需要元素内容，仅用一个形如 " < 标签名/ > " 的标签表示。上文提到的 < br > 就是一个空标签，可以用 < br/ > 表示。< img > 可以包含下述几个属性：

■ src：该属性指定所插入图片的存放位置，是 < img > 的必须包含属性。

■ alt：该属性指定一段替代文本，当图片读取失败时，显示该替代文本，也是 < img > 必须包含的属性。

■ height：指定该图片的高度，可以用百分比为单位指定，如 "80%"；也可以使用像素（pixel）为单位指定，如 "100px"。

■ width：指定该图片的宽度，和 "height" 一样，指定单位可以是百分比或像素值。

代码 3 – 5 定义了一个插入图片的 HTML 文档，显示效果如图 3 – 5，插入图片为 C 盘 html 文件夹中文件名为 "logo. jpg" 的文件。

代码 3 – 5　HTML 插图示例

```
< html >
  < head >
    < title > XBRL 中国 </title >
  </head >
  < body >
    < h1 > XBRL 中国 </h1 >
    < img src = c：\html\logo. jpg alt = "图片不能正常显示"height = 80% / >
  </body >
</html >
```

图 3 – 5　HTML 插图显示

五、HTML 表格相关元素

HTML 语言中定义了功能强大的表格标签，用户可以使用这些标签在网页中定义各种表格，包括横宽单元数不等的不规则表格，相关标签和属性定义如下：

➢ < table >：用于定义表格，所有表格内容都必须定义在该标签内，可以包含属性 width，用于限定表格的宽度。

■ width：指定表格的宽度，可以用百分比或者像素值。

➢ < caption > ：< table > 的子元素，用于定义表格的标题，通常位于 < table > 元素下边一行。

➢ < tr > ：定义表格中的一行（table row），每一行可以包含若干个表格单元格 < td > 。

➢ < td > ：定义表格中的单元格（table datum）。单元格可以指定如下属性。

■ height：指定单元格的高度，既可以使用百分比指定，也可以使用像素值指定。

■ width：指定单元格的宽度。和 height 一样，既可以使用百分比指定，也可以使用像素值指定。

■ colspan：指定该单元格所占的列数。一个单元格默认占一行一列，如果有不规则表格，则其中有单元格会横跨多行和多列，此时要设置对应的 colspan 值和 rowspan 值。设定好以后，浏览器会根据设定的 colspan 值和 rowspan 值自动绘制该表格。

■ rowspan：指定该单元格横跨的行数。

代码 3 - 6 定义了一个货币资金表的网页，显示效果见图 3 - 6。该表格一共有 3 行，表名使用黑体加粗，所有单元格内容靠左对齐。从显示效果上来看，该表还不够美观，可以通过 CSS（cascading style sheet）样式设计进一步美化，但该部分内容已超出本书范围，有兴趣的读者请自行查阅其他 HTML 技术书籍。

代码 3 - 6　HTML 表格示例

```
< html >
  < head >
    < title > 货币资金表 </title >
  </head >
  < body >
    < p > 示例表格：</p >
    < table >
      < caption > < b > 货币资金表 </b > </caption >
      < tr >
        < td > 项目 </td >
```

```
        < td > 行次 </td >
        < td > 期初余额 </td >
        < td > 期末余额 </td >
      </tr >
      < tr >
        < td > 库存现金 </td >
        < td > 1 </td >
        < td > 1000 </td >
        < td > 1500 </td >
      </tr >
      < tr >
        < td > 银行存款 </td >
        < td > 2 </td >
        < td > 20000 </td >
        < td > 50000 </td >
      </tr >
    </table >
  </body >
</html >
```

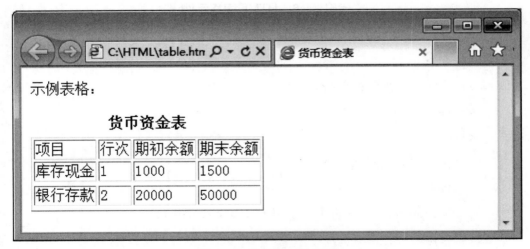

图 3 - 6   HTML 表格显示

六、HTML 语言小结

HTML 是一种取得了巨大应用成功的标记语言，通过前面对 HTML 常用标签的介绍，我们可以看到 HTML 语法简单，格式清晰，方便易学。从注释特点上来看，HTML 的标签不是为了让人理解标签内容而添加的，而是注释给机器理解的，或者更具体地说是注释给浏览器理解的。浏览器在接收到具体的 HTML 文档后，结合每个标签的特点，它就明白了元素内容在 HTML 文档中的作用和地位，因此会用相应的格式对其进行显示，从而生成网页内容。对比它的"始祖" SGML，标签在 HTML 中的功能发生了一定程度的变化。标签不仅是对便签内容的说明和注解，还在一定程度上规定了内容展示的样式，这是 HTML 针对其特殊的应用场合所做的调整。但也必须指出，这一调整仅适用于网页呈现这样的场合，对于主要承担数据存储和数据注解的其他标记语言而言，显示并不在它们的功能设计范围之内。实际上，即便是在计算机领域，很多技术专家也认为将内容和显示功能同时体现在一种语言工具中并不是一种好的设计。总体而言，HTML 是一种非常成功的标记语言，通过相关的编码实践我们可以看到，在给数据加上了相关的注解后，浏览器对于数据有了更好的理解，从而它就能更好地按照我们的要求来显示和处理数据，这说明为数据加上机器可读的标记，然后让机器来帮助我们完成数据处理，是一种可行的信息处理模式。

第二节　XML 语言规范

一、XML 语言的优点

XML 是一种使用非常广泛的标记语言，相比于 HTML，它的功能专注于数据传输和数据储存。严格地来说，它定义了一种标记语言的规范，任何人或组织都可以遵循这一套规范来开发具有特殊使用目的的标记语言，XBRL 就是遵循 XML 框架开发的专用于商业报告的标记语言。XML 定义的规则非常简单，和 HTML 一样，它也是纯文本文件，可以用任何文本编辑器进行编辑。XML 的主要优点有如下几条：

（一）简单易用

不像 HTML，XML 没有提供任何预定义标签，它实际上只给出了定义元素的规范和 XML 文档的书写规范。只要文档满足开闭标签成对出现，元素之间合理嵌套，就基本可以认为该文档符合 XML 规范。所以从这个角度而言，XML 比 HTML 语言更容易学习。

（二）严格的格式要求

在上节中，所有 HTML 文档的编写都基本遵循 HTML 文档的书写规范。但实际上 HTML 对于文档格式是很"宽容"的，即便某些 HTML 片段书写不规范，比如某些标签只有开始标签没有结束标签，或者结束标签和开始标签名称的大小书写不一致，浏览器也不会认为这样的 HTML 文档是错误的，而且往往也同样能正常显示网页。这实际上是由于蒂姆·伯恩斯—李在早期为了用户使用方便，默许了用户很多种不严谨的 HTML 书写方式。随着 HTML 如洪水般地在互联网迅猛发展，当蒂姆·伯恩斯—李意识到需要对用户编制 HTML 文档的格式进行严格约束时，这些限制要求已经很难在互联网上实行了，因为根据统计超过 90% 的互联网网站都存在不规范的 HTML 编码。让这些网站将它们的 HTML 文档统一规范化，将耗费大量的人力物力，所以最终 W3C 做出了妥协，在最新推出的 HTML 5 标准中默许了很多用户的不规范使用习惯。实际上这跟 HTML 语言的应用功能有关，由于 HTML 主要用来显示网页，只要浏览器能用某种方式理解网页并展现出效果，部分数据的错误是不会造成什么影响的。但在这一点上，XML 截然不同，XML 的主要功能是存储和传递数据，数据的正确性对其至关重要。没有通过 XML 规范性检验的文档可以被认为是存在数据风险的，对于其中数据的真实性和完整性，数据接收方有权产生怀疑，从而拒绝使用该 XML 文档数据。因此 XML 文件有严格的格式要求。

（三）数据的存储与显示功能实现了分离

将数据存储和显示功能集于一身实际上是 HTML 的特点，如前所述，这既是由 HTML 特殊的应用场合决定的，同时又一直受人诟病。这是因为在社会分工越来越细、数据复用性要求越来越高的背景下，将两种功能集于一身会导致在互联网行业中负责网页内容的网络编辑和负责网页呈现效果的网页美工同时修改和处理 HTML 文件，这容易造成文档编辑错误，同时在错误发生后难以界定是哪一方的责任。因此如何设计语言，使得数据的存储和显示功能进行有效的分离是计算机领域的一个研究方向。XML 语言的设计即是此种思想的具体体现。实际上 XML 语言只包含数据存储功能，如果要显示 XML 中的数据，需要借助 XSL（eXtensible Stylesheet Language）等其他工具。

二、XML 文档的格式

XML 的书写格式主要有如下几条：（1）每个 XML 文档都必须要有一个根元素，且只能有一个根元素。所有其他元素都包括在根元素中。（2）每个元素，只要不是空元素，都必须要有开始标签和结束标签，并且开始标签在前，结束标签在后。（3）元素与元素之间必须合理嵌套。元素与元素的关系要么是父子元素，要么是并列元素，如果是父子元素，子元素的内容必须全部包含在父元素内；如果是并列元素，则两元素的内容不能重叠，比如 ＜a＞现金＜b＞＜/a＞银行存款＜/b＞即是两元素内容发生重叠。（4）元素中如果书写了属性，则该属性必须有属性值，并且属性值用单引号或双引号标引。这条规则实际上是针对 HTML 中一种常见的不规则书写方法而设定的。HTML 允许用户在书写元素的属性时，仅书写属性名，而不书写属性值，此时 HTML 将会认为该属性取默认值。XML 否决了这种不规范写法，要求属性值必须标明，并且加标单引号或双引号。

评价 XML 文档的格式质量，有两层标准，第一层标准是格式规范（well - formed），当 XML 文档符合上述格式要求后，就认为该 XML 文档是格式规范的，反之称之为格式不规范（malformed）；在满足了格式规范要求之后，有第二层评价标准——有效的（valid），这层标准隐含地申明用户编制的文档不仅要遵循书写 XML 文档的基本要求，还需要遵循其他要求，这些要求通常是由其他人或组织用一种特定的语言，比如 DTD 或 XML Schema，制定的要求，满足这些要求以后，才称该文档是有效的。比如 XBRL 报告，它首先是一份 XML 文档，所以必须要遵循 XML 文档的基本要求，同时它又是专门的商业报告，必须遵循统一规定的商业报告的编写格式，所以只有在满足这两部分要求后，它才是一份有效的 XML 文档。

三、XML 文档举例

使用 XML 文档来存储企业的货币资金信息，我们可以使用代码 3 - 7 编写 XML 文档如下。

代码 3 - 7　XML 文档示例

```
< ? xml version = "1. 0"standalone = "yes"? >
< 货币资金表　日期 = "2019 - 1 - 1"　单位名称 = "上海红宇公司" >
    < 库存现金　单位 = "元" >1000 </库存现金 >
    < 银行存款　单位 = "元" >20000 </银行存款 >
</货币资金表 >
```

代码 3 - 7 中的第一行为申明行，这行申明行不承载存储数据的任务，它是向计算机说明 XML 文档的基本信息，类似于 HTML 文档中的 < head > 元素。申明行用尖括号包括的内容是实际传递给计算机的信息，最前边的"? xml"表示本文档是一份 XML 文件，后面的 version 属性表示该文档遵循 XML 规范的版本，取值为"1. 0"表示本文档遵循 XML 1. 0 标准，standalone 属性表示理解该文档是否需要其他的附加文件，如果取"yes"表示不需要，取"no"表示需要。所以第一行申明行指明了本文件是一个独立的遵循 XML 1. 0 规范的 XML 文件。文件的根元素是 < 货币资金表 > ，它包含两个属性，分别是"日期"和"单位名称"。W3C 规定 XML 的元素名不能以数字、中划线和点号开头，而且不能包含

"<"">"","""$"等特殊符号，所以在对元素进行命名时，应对这些限制条件进行回避。在代码 3-7 中，<货币资金表>包含两个子元素，分别是<库存现金>和<银行存款>，这两个元素都包含属性"单元"。"1000"和"20000"是它们各自的元素内容。根据第三章第二节的定义，这份文档显然是格式规范的，但它不依赖于任何其他的标准，所以它不是有效的。

第三节　DTD 技术标准

XML 是一种通用性的标记语言，它没有设定任何的预定义标签。除了上述基本的格式要求外，它对文档没有任何其他的限制，这使得它的使用非常灵活，可以适应各种应用场景。但任何文件，无论是在内部使用还是在外部使用，在形式上是不可能完全不受限制的。比如企业要求下属各部门使用 XML 文档记录各自固定资产的使用情况，那么各个部门不可能各自独立地设计 XML 文档格式来记录自用固定资产的情况，因为这样处理虽然不会造成信息登记的缺失，但却不利于企业对固定资产的整体使用情况进行汇总。所以就有必要由企业的管理部门统一规定登记固定资产的 XML 文件格式，再由下属部门按照各自使用固定资产的情况分别进行登记，最后再进行汇总统一。这就涉及如何对 XML 文档的编制格式进行进一步限制的问题。实际上这个问题在 XML 语言问世后就在各个领域广泛存在，计算机专家们陆续提出了各种各样的解决方案。这些解决方案有的功能有缺陷，有的使用很麻烦，所以慢慢就被淘汰了。现在被普遍接受的解决方案有两种，一种是 DTD（document type definition）技术，另一种是 XML schema 技术。DTD 技术出现较早，优点是简单易学，语义清晰。缺点是它的功能比较薄弱，在大型 XML 应用项目中使用不方便，语法格式不符合 XML 标准。XML schema 是为了克服 DTD 技术的缺陷而设计的一种 XML 格式定义技术，它拥有丰富的预定义数据类型，有效的数据类型派生机制，支持命名空间，同时还是规范的 XML 文件，因此在很多场合，它的使用优先级要高于 DTD。但 DTD 技术仍然占据着一部分市场，这是因为一方面 DTD 还在不断改良，最新的

DTD 标准将支持命名空间技术；另一方面在很多从 20 世纪就开始运营的软件项目里，DTD 是一直被沿用的标准，突出的代表就是 HTML。本节将对 DTD 技术进行简要的介绍。

一、DTD 举例

以代码 3-7 所示的 XML 文档为例，如果要定义这样一个旨在记录企业货币资金信息的 XML 文件，可以编制的 DTD 文档如代码 3-8 所示。

代码 3-8　DTD 示例

```
<!ELEMENT  货币资金表  （库存现金,银行存款）>
<!ELEMENT  库存现金  （#PCDATA）>
<!ELEMENT  银行存款  （#PCDATA）>
<!ATTLIST  货币资金表  日期  （CDATA）  #REQUIRED >
<!ATTLIST  货币资金表  单位名称  （CDATA）  #REQUIRED >
<!ATTLIST  库存现金  单元  （CDATA）  #REQUIRED >
<!ATTLIST  银行存款  单元  （CDATA）  #REQUIRED >
```

代码 3-8 定义了三个元素和四个属性，以"<!ELEMENT"开头的语句定义的是元素，以"<!ATTLIST"开头的语句定义的是属性。第一行语句定义了一个名为"货币资金表"的元素，该元素包含两个子元素，分别是"库存现金"和"银行存款"。第二行语句定义了"库存现金"元素，该元素包含的内容是字符类型数据。第三行定义了"银行存款"元素，该元素的内容也是字符类型数据。第四行定义了"货币资金表"的一个属性，该属性的名称是"日期"，属性值为字符类型数据，并且该属性在"货币资金表"元素中必须出现。第五行的定义与第四行类似，所不同的是定义的属性的名称是"单位名称"。第六行和第七行分别给"库存现金"元素和"银行存款"元素定义了属性"单元"，这两个属性都是字符类型数据，并且在元素中必须出现。通过上述定义，代码 3-7中 XML 文件格式就被规定下来，符合上述定义的 XML 文件就是有效的，否则就

是无效的。下面具体介绍 DTD 技术的语法规则。

二、DTD 语法

（一）定义元素

在 DTD 中，定义元素的语法是：

> < ！ELEMENT 元素名　元素内容类型 >

元素名由用户指定，只要是符合 XML 元素命名规则的名称即可。元素内容类型可取如下 5 种值：

（1）#PCDATA：表示元素内容是字符串，不能包含其他元素，也不能是空元素。

（2）EMPTY：表示元素是空元素。

（3）子元素序列：表示该元素是一个父元素，内部包含一个或多个子元素。子元素序列的定义方式非常灵活，可以定义有序子元素、无序子元素、互斥子元素等。

（4）混合类型：指该元素可以既包含字符串，又包含子元素序列。因包含内容比较混杂，所以实际应用中不建议采用。

（5）ANY：表示元素是任意类型，不受约束，可以为上面的任何一种元素。

在上述几种类型中，定义包含有子元素序列的元素是比较复杂的。DTD 提供了几种修饰符来辅助这种元素定义。使用这些修饰符可以定义包含各种子元素序列的复杂元素。下面用几个具体的例子来说明修饰符的用法（见表 3 – 1）。

表 3 –1　　　　　　　　　　子元素修饰符

修饰符	表示含义
无符号	子元素只能出现 1 次
?	子元素可以出现 0 或 1 次
+	子元素至少出现 1 次

修饰符	表示含义
*	子元素可以出现任意多次
|	出现在两个元素或元素序列之间，表示两者只能选其中之一

【例3-1】 <!ELEMENT 货币资金表 （库存现金\|银行存款\|其他货币资金）>

                <!ELEMENT 库存现金 #PCDATA >

                <!ELEMENT 银行存款 #PCDATA >

                <!ELEMENT 其他货币资金 #PCDATA >

说明：根据上面的定义，"货币资金表"元素可以包含一个"库存现金"子元素或一个"银行存款"子元素或一个"其他货币资金"子元素。所以下面的 XML 片段是有效的：

    <货币资金表>

        <库存现金>1000</库存现金>

    </货币资金表>

【例3-2】 <!ELEMENT 货币资金表 （库存现金+\|银行存款\|其他货币资金?）>

                <!ELEMENT 库存现金 #PCDATA >

                <!ELEMENT 银行存款 #PCDATA >

                <!ELEMENT 其他货币资金 #PCDATA >

说明：上面的定义说明"货币资金表"元素可以包含一个或多个"库存现金"子元素，或者包含一个"银行存款"子元素，或者包含零个或一个"其他货币资金"子元素。当包含零个"其他货币资金"子元素时，该元素为空元素。所以下面的 XML 片段是有效的：

    <货币资金表></货币资金表>

【例3-3】 <!ELEMENT 货币资金表 （（库存现金,银行存款）+,其他货币资金））>

                <!ELEMENT 库存现金 #PCDATA >

                <!ELEMENT 银行存款 #PCDATA >

<! ELEMENT 其他货币资金 #PCDATA >

说明：根据上面的定义，"货币资金表"元素可以先包含一个或多个"库存现金"和"银行存款"组成的元素序列，最后要包含一个"其他货币资金"元素。所以下面定义的 XML 片段是有效的：

< 货币资金表 >

< 库存现金 >1000 </库存现金 >

< 银行存款 >20000 </银行存款 >

< 库存现金 >1500 </库存现金 >

< 银行存款 >50000 </银行存款 >

< 其他货币资金 >0 </其他货币资金 >

</货币资金表 >

【例 3 - 4】 <! ELEMENT 货币资金表 （（库存现金 + ,银行存款）| 其他货币资金） >

<! ELEMENT 库存现金 #PCDATA >

<! ELEMENT 银行存款 #PCDATA >

<! ELEMENT 其他货币资金 #PCDATA >

说明：根据上面的定义，下边定义的两个 XML 片段都是有效的：

< 货币资金表 >

< 库存现金 >1 000 </库存现金 >

< 库存现金 >1 500 </库存现金 >

< 银行存款 >50 000 </银行存款 >

</货币资金表 >

< 货币资金表 >

< 其他货币资金 >0 </其他货币资金 >

</货币资金表 >

【例 3 - 5】 <! ELEMENT 货币资金表 （库存现金 | 银行存款 | 其他货币资金）* >

<! ELEMENT 库存现金 #PCDATA >

<! ELEMENT 银行存款 #PCDATA >

<! ELEMENT 其他货币资金 #PCDATA >

说明：根据上面的定义，"货币资金表"中可以出现任意多个（包括零个）"库存现金""银行存款""其他货币资金"子元素。

（二）定义属性

在 DTD 中，定义属性的语法是：

<！ATTLIST 属性所属的元素 属性名 属性值类型 属性附加声明 默认值 >

其中"属性附加声明"和"默认值"是可选项，不是必须项。定义属性名的要求和定义元素名的要求一样，属性值的类型可取如下几种：

（1）CDATA：表示属性的值是单纯的字符数据，大多数属性均设置为该类型。

（2）枚举类型：形如（en1│en2│en3）的形式，其中的"en"项是待选的枚举项。

（3）ID：具有唯一性的属性值，该属性值必须以字母开头。

（4）IDREF：引用其他 ID 属性的值，该值必须在其他 ID 属性中存在。

（5）IDREFS：引用多个其他 ID 属性的值，中间使用空格间隔。

属性附加声明可取如下几种值：

（6）#REQUIRED：表示该属性是必需的，不能没有。

（7）#IMPLIED：表示该属性可以有也可以没有。

（8）#FIXED：表示该属性只能取一个固定值，只有在这种情况下，属性才需要指定默认值，而且必须给出默认值。当该属性在元素中没有指定值时，则默认其取默认值。

下面给出一些例子进行说明。

【例 3-6】 <！ELEMENT 库存现金 #PCDATA >

　　　　　　 <！ATTLIST 库存现金 单位 CDATA #REQUIRED >

说明：上面的代码为"库存现金"定义了一个必须有的属性"单位"，该属性的值是字符数据，所以下面的 XML 片段是有效的：

<库存现金 单元 = "元">1000 </库存现金 >

【例 3-7】 <！ELEMENT 库存现金 #PCDATA >

　　　　　　 <！ATTLIST 库存现金 科目编码 ID #FIXED 1001 >

说明：上面的代码为"库存现金"定义了一个固定值的属性"科目编码"，该属性的值必须唯一，且默认值是 1001，所以下面的 XML 片段是有效的：

< 库存现金　科目编码 = "1001" > 1000 < /库存现金 >

DTD 的特点是简单易用，根据上面给出的定义元素和属性的方法，我们将代码 3 – 6 视为一个 XML 文档，则它的 DTD 定义文件如代码 3 – 9 所示。

代码 3 – 9　HTML 表格文件的 DTD 规范

```
< ! ELEMENT    html    （ head , body ) >
< ! ELEMENT    head    （ title ) >
< ! ELEMENT    body ( p | table ) * >
< ! ELEMENT    p    #PCDATA >
< ! ELEMENT    table    （ caption , tr + ) >
< ! ELEMENT    caption    ( #PCDATA | b) * >
< ! ELEMENT    b    #PCDATA >
< ! ELEMENT    tr    （ td + ) >
< ! ELEMENT    td    #PCDATA >
```

要让代码 3 – 6 可以按照代码 3 – 9 定义的格式去验证，需要将两者关联起来。在 XML 文档的申明行下方加入引用 DTD 文件的代码如下：

< ! DOCTYPE   XML 文档根元素名称   SYSTEM   "DTD 文件的物理路径" >

即可将两者关联，然后便可使用具备 XML 文档验证功能的软件对其进行检验。

三、DTD 评述

DTD 语法简单，格式清晰，在早期 XML 应用项目中发挥了巨大的作用。但随着互联网环境的变化和信息技术的发展，它的不足之处也慢慢显现出来。

首先，它支持的数据类型太少，比如说对于元素的内容，它支持的值类型仅包括 #PCDATA、EMPTY 和 ANY。这其中 ANY 类型实际上是不对 XML 元素做出约束，这违反了 DTD 提出的初衷，所以实际中很少使用；EMPTY 是定义元素为空，应用范围很窄；所以大多数元素都定义为了#PCDATA，这就导致 DTD 难以检验明显的数据类型逻辑错误。比如对于前面定义过的"库存现金"元素，元素内容应该是它的金额信息，所以元素内容不可能是非数字的信息。但如果根据 DTD 将"库存现金"定义为：

<！ELEMENT　库存现金　#PCDATA＞

那么下面的 XML 片段就是有效的：

＜库存现金＞abc＜/库存现金＞

但显然"库存现金"的余额不可能为"abc"，所以上述的元素定义是不够理想的。类似的问题在各种场合广泛存在，而 DTD 缺乏解决这类问题的有效手段，这使得以它为基础的 XML 有效性检验功能很弱。

其次，DTD 不支持命名空间。在大型的 XML 应用项目里，会有多人参与 XML 文档格式的设计和定义，由于 XML 允许任何人定义元素，因此一个重要问题是如何保证所有人定义的元素名互不冲突。DTD 处理此类问题比较麻烦，需要系统架构人员统一设计 XML 文档的元素结构，并且要求开发人员不得擅自更改，这为项目的开发和调整带来了不便。而在当前的信息科学领域，处理此类问题的统一方法是引入命名空间。命名空间是加在元素名前边的前缀，给项目里的各个开发小组都分配一个互不相同的命名空间，组内所有成员开发的元素都必须挂在该命名空间名下，这样即便不同组的成员设计了名称相同的元素，由于命名空间的前缀不同，那么这两个元素也不算同名元素。就好像"张三"作为人名是很容易混淆的，但如果在"张三"前边加上前缀，比如"中国湖北省武汉市中南财经政法大学会计学院 2015 级会计 1 班的张三"，那么就很容易确定这个"张三"指的是谁。

最后，DTD 语言缺乏对于数据类型的深刻理解和认识。DTD 的定义语句主要有定义元素和定义属性两种，从表面上来看，这种定义是理所当然的，因为 XML 中的数据要素只有元素和属性两种。但深入分析一下，会发现情况并不那么简单。在实际应用中，存在很多名称不一样，但存储的数据类型是一样的元素，比如会计中的各种同性质账户，如"银行存款—工行存款""银行存款—建行存款"和"银行存款—招行存款"。对于这样的元素，最好的定义方法不是像 DTD 那样对它们每一个都分别定义，而是统一定义它们的数据类型，然后申明这些元素都属于这种数据类型。这种方式在元素结构越复杂的情况下，越能体现它的优越性，它实际上是对数据类型的复用。由于 DTD 把数据类型简单地归为了字符类型数据#PCDATA，所以这个问题在 DTD 中没有被充分地暴露出来，也因此 DTD 的数据校验和数据复用能力难以提高。XML Schema 对此做了很好的改良，数据类型在 XML Schema 中是一种独立的对象，在被定义后，不仅可被元素使用，还可以被属性使用。在此基础上又引入各种约束和派生机制，使得结构相似的元素，也可以在定义时共用结构相同的部分，这些设计实现了数据复用的最大化。

　　总而言之，DTD 作为较早出现的 XML 格式定义工具，在 XML 的应用推广过程中发挥过重大的作用。随着时代的发展，它的功能渐渐不能满足 XML 应用领域对 XML 定义工具越来越高的要求。所以近年来在很多场合 XML Schema 取代了 DTD。但 DTD 所不包含的那些先进设计理念，如命名空间、继承、派生等机制是在 20 世纪 90 年代以后的计算机科学发展过程中才逐步出现并完善的，对于诞生于 20 世纪 70 年代的 DTD，对此也不应过分地苛责。

第四节　XML Schema 研究

　　XML Schema 是 XML 模式的意思，它是 W3C 于 2001 年 5 月推出的 XML 文档的格式定义工具。XBRL 技术规范 2.1 就是采用 XML Schema 定义的，所以有的学者将 XBRL 技术规范称之为 XBRL 模式文件。XML Schema 的设计初衷是为了解决 DTD 语言存在的诸多不足，所以在它被发布以后，学术界和实务界广泛认为它会是 DTD 语言的继任者。事实也是如此，XML Schema 的功能比 DTD 强大，使用方法也很灵活，支持命名空间，书写格式遵循 XML 规范，内置有多种简单和复杂的数据类型，还允许用户对它进行扩展，唯一的不足是它比 DTD 复杂很多。W3C 制定了 XML Schema 的使用规范，该规范包括三份文件，分别是《XML Schema Part 0：Primer》《XML Schema Part 1：Structures》《XML Schema Part 2：Datatypes》。《XML Schema Part 0：Primer》对 XML Schema 语言的风格特点进行了概括的介绍，通过很多实例阐明了 XML Schema 的使用方法；《XML Schema Part 1：Structures》介绍了 XML Schema 的文件结构，说明了 element、attribute 和 notations 等元素的声明和使用方法；《XML Schema Part 2：Datatypes》主要介绍了 XML Schema 使用的数据类型。概括地说，XML Schema 可以完成如下功能：

(1) 定义 XML 文档中的元素；

(2) 定义 XML 文档中可以出现的属性；

(3) 定义元素的内部结构；

(4) 定义子元素在父元素中的出现顺序；

(5) 定义子元素在父元素中可以重复出现的次数；

(6) 定义可被元素和属性使用的数据类型；

(7) 定义元素和属性的默认值和固定值。

下面具体介绍 XML Schema 的功能和使用方法。

一、命名空间

在第三节曾谈到过命名空间出现的原因，而实际上使命名空间这项技术必须出现的原因要更复杂一些。21 世纪是信息科学爆发式发展的时期，各种信息工具、产品、标准和技术层出不穷。这些资源彼此之间往往是需要相互借用的，比如说我国石油化工行业需要制定行业 XBRL 分类标准，那么该行业标准里一定会有很多数据项是在 XBRL 通用分类标准中已经定义过的，为了避免重复性的定义，行业标准就应该在通用标准的基础上进一步扩展，这样既节省了人力物力，又避免了后期因为通用分类标准调整而必须对扩展标准做的维护工作。在这种情况下，就涉及了引用外部资源的问题。如果没有命名空间，外部资源所定义的元素很容易与自身资源中的元素发生冲突，从而导致项目失败。给每一种资源都指定一个唯一的命名空间，让资源内的所有数据类型都处在该命名空间下，就能完美地解决这个问题，所以命名空间在信息科学的各个领域被广泛采用。

命名空间的使用形式一般是在 XML 文件（XML Schema 文档的扩展名是

".xsd"，因为它遵循 XML 规范，所以也是 XML 文件）的根元素中作为属性进行申明，其格式为：

　　< 根元素　xmlns:命名空间的简写符号 = "命名空间的 URI" >

　　这一行代码的作用是为当前 XML 文档引入以"命名空间的 URI"标识的命名空间中定义的元素、属性和数据项。xmlns 表示后边引入的是一个命名空间（xml namespace）。"URI"是"统一资源标识符（universal resource identifier）"的缩写，是给命名空间所取的唯一的"名字"。为了与所有其他 URI 进行区分，URI 通常都会取得很长。最常见的就是网址，比如"https：//www. xbrl. org/"，它表示 XBRL 国际的官网主页，在整个互联网上是唯一的。在元素的前边加上唯一的命名空间 URI，那么这个元素也就唯一了，但 URI 一般都很长，如果每次使用元素都必须在前边加上 URI 作为前缀，那整个 XML 文档就会显得冗长，很难阅读。所以 W3C 允许在一篇 XML 文档中给引入的命名空间设定一个简写符号，将该简写符号作为前缀并附加一个冒号"："就表示该元素来自对应的命名空间。比如在我国颁布的通用分类标准的 XML Schema 定义文件中有如下的命名空间引用：

　　< schema　xmlns:link = "http://ww. xbrl. org/2003/linkbase" >

　　这条引用的根元素为"schema"，表示该文档是一份 XML Schema 文档（所有 XML Schema 文档都以 schema 元素作为根元素）。引入的命名空间的 URI 是"http：//ww. xbrl. org/2003/linkbase"，在该文档里用简写"link"来代表该 URI。这份定义文件在文中引用了"http：//ww. xbrl. org/2003/linkbase"中的"SchemaRef"元素，所以在书写"SchemaRef"元素时，用记号"link：SchemaRef"表示，说明该元素是来自命名空间"http：//ww. xbrl. org/2003/linkbase"。

　　下面举一个使用命名空间的简单例子如代 3 - 10 所示：

代码 3 - 10　命名空间示例

```
< ?xml version = "1. 0"encoding = "gb2312"? >
< xs:schema xmlns:xs = "http://www. w3. org/2001/XMLSchema"
            targetNamespace = "http://www. longtingwu. com" >
    < xs:element　name = "库存现金"　type = "xs:decimal"/ >
< /xs:schema >
```

代码 3 – 11　引入命名空间示例

```
< ?xml version = "1.0"encoding = "gb2312"? >
< 货币资金表　xmlns:ltw = "http://www. longtingwu. com" >
    < ltw:库存现金 >1000 </ltw:库存现金 >
</货币资金表 >
```

代码 3 – 10 是一个 XML Schema 文件，该文件定义了一个"库存现金"元素，该元素被代码 3 – 11 中的 XML 文件调用。下面对这两份文档进行具体的分析。代码 3 – 10 的第一行是 XML 申明行，因为 XML Schema 完全遵循 XML 规范，所以每一个 XML Schema 文件都是 XML 文件。在申明行中有一个新属性"encoding"，该属性表示的是这份 XML 文件的编码方式。在计算机里，所有处理都由中央处理器（central processing unit，CPU）完成，而中央处理器实质上只能做二级制数据的运算，所以任何数据都必须转换为二进制数，再交给 CPU 处理。进行这种转换，需要先编制字符与二进制数一一对应的编码表，然后使用这种编码表就可以把字符唯一地转换为一个二进制编码。国际标准组织制定了全球通用的编码表 Unicode，该编码表使用三个字节来编码一个字符，总共包含一百多万个字符，基本囊括了所有语言使用到的符号。但对一个国家或地区而言，常用字符往往没有那么多，如果统一使用 Unicode 码，会导致存储空间大量浪费，于是各个国家和地区开始编写简化的 Unicode 编码表。在我国，国家编制的标准编码表是"gb2312"，其他被广泛使用的编码表还包括"UTF – 8"和"UTF – 16"。代码 3 – 10 指定"encoding"属性的值为"gb2312"，就说明该 XML 文件采用 gb2312 编码。代码第二行引入了命名空间"http://www. w3. org/2001/XMLSchema"，并指明在该文档中用"xs"作为简写代表该命名空间。这个命名空间实际上是 XML Schema 规范《XML Schema Part 2：Datatypes》的 URI，该规范定义了 XML Schema 文件中可以使用的元素、属性和其他数据类型。XML Schema 文件作为 XML 文件，在书写时需要用到这些元素，所以在代码中，"schema"和"element"元素都附加"xs:"前缀，表示这些元素都是来自《XML Schema Part 2：Datatypes》的定义。在根元素中，还定义了属性"targetNamespace"，该属性是定义这份 XML Schema 文档自己的命名空间。文档中设定该命名空间为"http://www. w3. org/2001/XMLSchema"，所以其他文档要使用该文档定义的元素，就必须引入这个命名空间，如代码 3 - 11 所示。代码 3 - 10 在下面定义了一个元素（后面会具体讲解定义元素的方法），名称为"库存现金"，数据类型为十进制小数。代码 3 - 11 引用了该元素，并用"ltw"作为命名空间的简写，该元素取值 1 000，符合十进制小数的定义。

二、内置数据类型

XML Schema 包含丰富的数据类型，这些基本类型不仅可用于定义元素，还可用于定义属性。在这些基础数据类型之上，用户还可以使用约束和派生生成新的类型。常用的数据类型包括：

（1）anyType：任意类型。不对数据内容做任何要求，所有其他数据类型都是对该类型进行约束而派生得到的，所以它是其他所有数据类型的基础。

（2）string：字符串类型数据，保留字符串中所有内容。

（3）token：字符串类型数据。会自动删除字符串前后的空白，将字符串内容中的换行符、制表符和回车符替换成空白，如果字符串中有多个连续的空白，会将多个连续空白替换为一个空白。

（4）Name：要求字符串是一个合法的 XML 标签名。

（5）QName：要求字符串是一个带有命名空间前缀的 XML 标签名。

（6）NCName：要求字符串是一个不带命名空间前缀的 XML 标签名。

（7）float：代表 32 位的单精度浮点数。

（8）double：代表 64 位的双精度浮点数。

（9）decimal：代表十进制小数，至少保证 18 位有效的小数。

（10）integer：无限制整数。

（11）nonNegativeInteger：无限制的非负整数。

（12）nonPositiveInteger：无限制非正整数。

（13）positiveInteger：无限制正整数。

（14）negativeInteger：无限制负整数。

（15）int：整数，大小范围约在正负 21 亿之间。

（16）short：整数，大小范围约在正负 32 000 之间。

（17）date：表示日期，格式为"YYYY – MM – DD"，例如"1990 – 01 – 01"。

（18）time：表示时间，格式为"hh:mm:ss. sss"，例如"23:19:11. 123"，表示 23 点 19 分 11. 123 秒。

（19）dateTime：表示日期时间，格式为"YYYY – MM – DDThh:mm:ss: sss"，中间的 T 是必须的，例如"1990 – 01 – 01T23:19:11:123"。

（20）gYear：表示年，格式为"YYYY"，例如"1990"。

（21）gMonth：表示月，格式为" – MM"，例如" – 01"。前面两个中划线是必需的。

（22）gDay：表示日，格式为" – – – DD"，例如" – – – 01"。前面三个中划线是必需的。

（23）boolean：表示布尔类型，只能取 true、false、0 和 1 四个值，其中 0 表示 false，1 表示 true。

（24）anyURI：任意一个合法的 URI。

（25）ID：具有唯一性的属性值，必须以字母开头。该定义与 DTD 中的 ID 定义一样，实际上为了保持和 DTD 兼容，该类型只用于定义属性。

（26）IDREF：引用其他 ID 属性的值，和上边的"ID"一样，也只用于定义属性。

（27）IDREFS：引用多个其他 ID 属性的值，与 DTD 的定义保持一致。

这些内置数据类型是在 *XML Schema Part* 2：*Datatypes* 中已经定义好的，在引入该规范的命名空间后，就可以直接使用。代码 3 – 12 是使用这些内置数据类型的例子，为节省篇幅省略了 XML 文档中的元素定义，默认所有元素的数据类型就是该元素的元素名。

代码 3 – 12　内置数据类型使用示例

```
< ?xml version = "1. 0"encoding = "gb2312"? >
<内置数据类型元素列表 >
        <! – – 字符串开头和结尾的空白将会被保留 – – >
    < string >    XBRL    </string >
        <! – – 字符串开头和结尾的空白将会被自动删除 – – >
    < token >    XBRL    </token >
```

```
< Name > 库存现金 < /Name >
<！-- 可以在单个元素的开始标签内定义命名空间简写，该简写在元素
    内有效 -- >
< QName xmlns：ltw = "http：//www. longtingwu. com" > ltw：库存现金
< /QName >
< NCName > 库存现金 < /NCName >
< float > 0. 01 < /float >
< double > 0. 01 < /double >
< decimal > 0. 01 < /decimal >
< integer > 1 < /integer >
< nonNegativeInteger > 1 < /nonNegativeInteger >
< nonPositiveInteger > - 1 < /nonPositiveInteger >
< positiveInteger > 1 < /positiveInteger >
< negativeInteger > - 1 < /negativeInteger >
< int > 1 < /int >
< short > 1 < /short >
< date > 2001 - 04 - 21 < /date >
< time > 12：20：01. 342 < /time >
< dateTime > 2001 - 04 - 21T12：20：01. 342 < /dateTime >
< gYear > 2018 < /gYear >
< gMonth > -- 11 < /gMonth >
< gDay > --- 18 < /gDay >
< gYear > 2018 < /gYear >
< boolean > true < /boolean >
< anyURI > http：//www. longtingwu. com < /anyURI >
< /内置数据类型元素列表 >
```

代码 3 - 12 中形如 " <！ -- ... -- > " 的部分是 XML 的注释片段，计算机
在读取 XML 文件时会忽略这部分信息。所列出的元素内容均符合元素的数据类
型定义。

三、定义元素

有了基本的内置数据类型之后，就可以开始定义元素，最简单的元素定义是直接使用内置数据类型，而不做任何改动，如代码 3 – 13 所示。

代码 3 – 13　使用内置数据类型定义元素

```
<?xml version = "1. 0"encoding = "gb2312"? >
<xs:schema xmlns:xs = "http://www. w3. org/2001/XMLSchema" >
    <xs:element　name = "会计科目编码"　type = "xs:string"/ >
</xs:schema >
```

代码 3 – 13 定义了一个字符串型元素"会计科目编码"。定义元素的一般格式是

```
<xs:element　name = "元素名"type = "数据类型"/ >
```

"xs：element"是 XML Schema 规范里规定的用于定义元素的元素，该元素的"name"属性用于指定被定义元素的元素名，"type"属性用于指定被定义元素的数据类型。由于上面"会计科目编码"的元素类型就设为内置字符串类型，所以将"type"属性指定为"xs：string"。有了上述定义，那么下面的 XML 片段就是有效的：

```
<会计科目编码 >1001 </会计科目编码 >
```

从表面上来看，为了存储会计科目编码，上述元素定义是合适的。但如果深入到实际应用，就会发现上述定义不够理想。因为财政部对于会计科目编码方案有明确的要求，一级科目必须使用 4 位数字编码，明细科目的编码方法则由企业自己决定，所以会计科目编码的长度不会小于 4 位。而按照上述定义，会计科目编码的长度是可以小于 4 位的，即如下 XML 片段在上述定义中依然是有效的。

```
<会计科目编码 >01 </会计科目编码 >
```

这种情况显然是不合理的。实际上上面的分析说明会计科目编码的数据类

型并不是简单的字符串类型，而是要给通用的字符串类型加上一定的限制条件，可以简单地把这种限制理解为字符串长度必须大于 3 个字符。XML Schema 充分考虑地了用户的这种需求，它提供了大量的约束条件来对内置数据类型的数据范围进行限定。对于上边的例子，可以使用"minLength"约束条件来指定"会计科目编码"的最小长度。设计代码 3 – 14 如下：

代码 3 – 14　使用约束条件定义元素

```
< ?xml version = "1. 0"encoding = "gb2312"? >
< xs:schema xmlns:xs = "http://www. w3. org/2001/XMLSchema" >
    < xs:element name = "会计科目编码" >
        < xs:simpleType >
            < xs:restriction base = "xs:string" >
                < xs:minLength value = "4"/ >
            </xs:restriction >
        </xs:simpleType >
    </xs:element >
</xs:schema >
```

在代码 3 – 14 中，"会计科目编码"的数据类型定义已经不是简单地用"type"属性指定了，而是用一个"simpleType"的子元素来描述。XML Schema 将元素的数据类型分为两种，一种是简单类型（simpleType），一种是复杂类型（complexType）。简单类型是不包含子元素和属性的数据类型；复杂类型要么包含子元素，要么包含属性，或者两者兼有。"会计科目编码"不包含子元素，也不包含属性，所以使用" < xs:simpleType > "标签来刻画它。它是在字符串类型的基础上限定字符串长度，所以使用"minLength"作为约束条件，值设为 4，表示编码最短不能小于 4 位。< restriction > 标签表示约束条件，"base"属性说明约束条件的基础数据类型，当前指定为字符串数据类型。这样定义后，长度小于 4 位的会计科目编码就是无效的编码。

四、约束条件

像上述的情况在实际应用中有很多，XML Schema 共推荐了多种约束条件供用户使用，这些约束大致如下所示：

➤ enumeration：枚举约束。指定元素或属性的值只能是一系列值中之一。

➤ fractionDigits：限定小数点后的最大位数，只对十进制小数类型有效。

➤ totalDigits：定义十进制数的最大总位数，包括整数和小数部分。

➤ length：定义元素或属性值的字符长度，必须大于或等于 0 字符。

➤ minLength：定义元素或属性值的字符最小长度，必须大于或等于 0。

➤ maxLength：定义元素或属性值的字符最大长度，必须大于或等于 0。

➤ minExclusive：定义元素或属性值的下限，元素或属性值必须大于该值。

➤ maxExclusive：定义元素或属性值的上限，元素或属性值必须小于该值。

➤ minInclusive：与 minExclusive 类似，但元素或属性值可以等于该值。

➤ maxInclusive：与 maxExclusive 类似，但元素或属性值可以等于该值。下面用例子来具体说明这些约束的使用方法，如代码 3 – 15 所示。

代码 3 – 15 使用枚举约束定义元素

```
< ?xml version = "1. 0"encoding = "gb2312"? >
< xs:schema xmlns:xs = "http://www. w3. org/2001/XMLSchema"  >
    < xs:element    name = "辅助核算"  >
        < xs:simpleType >
            < xs:restriction    base = "xs:string" >
                < xs:enumeration    value = "供应商往来"/ >
                < xs:enumeration    value = "客户往来"/ >
                < xs:enumeration    value = "部门核算"/ >
                < xs:enumeration    value = "个人往来"/ >
                < xs:enumeration    value = "项目核算"/ >
            </xs:restriction >
```

```
        </xs:simpleType>
    </xs:element>
</xs:schema>
```

代码 3 - 15 定义了"辅助核算"元素，该元素是字符串类型，但只能取 5 种值，分别是"供应商往来""客户往来""部门核算""个人往来""项目核算"。在 < xs:enumeration > 标签里，"value"属性表示元素的可取值，所有 < xs:enumeration > 标签的"value"值构成元素的取值范围。

代码 3 - 16　限定元素位数

```
<?xml version = "1. 0"encoding = "gb2312"? >
<xs:schema xmlns:xs = "http://www. w3. org/2001/XMLSchema"  >
    <xs:element   name = "商品价格"  >
        <xs:simpleType >
            <xs:restriction   base = "xs:decimal" >
                <xs:fractionDigits   value = "2"/ >
                <xs:totalDigits   value = "6"/ >
            </xs:restriction >
        </xs:simpleType >
    </xs:element >
</xs:schema >
```

代码 3 - 16 定义了"商品价格"元素，该元素是十进制小数，有两项约束条件，分别是小数点后最多有 2 位小数和总位数不超过 6 位。在 < xs:fractionDigits > 标签里，"value"属性表示最大小数位；在 < xs:totalDigits > 标签里，"value"属性表示最大总位数。

代码 3 - 17　限定元素长度

```
<?xml version = "1. 0"encoding = "gb2312"? >
<xs:schema xmlns:xs = "http://www. w3. org/2001/XMLSchema"  >
```

```
        <xs:element   name = "手机号码"  >
            <xs:simpleType >
                <xs:restriction   base = "xs:string" >
                    <xs:length   value = "11"/ >
                </xs:restriction >
            </xs:simpleType >
        </xs:element >
    </xs:schema >
```

代码 3 - 17 定义了"手机号码"元素,该元素是字符串类型,字符串长度必须为 11。在 < xs:length > 标签里,"value" 属性表示字符长度。

代码 3 - 18　限定元素长度范围

```
    <?xml version = "1. 0"encoding = "gb2312"? >
    <xs:schema xmlns:xs = "http://www.w3.org/2001/XMLSchema" >
        <xs:element   name = "姓名" >
            <xs:simpleType >
                <xs:restriction   base = "xs:string" >
                    <xs:maxLength   value = "10"/ >
                    <xs:minLength   value = "2"/ >
                </xs:restriction >
            </xs:simpleType >
        </xs:element >
    </xs:schema >
```

代码 3 - 18 定义了"姓名"元素,该元素是字符串类型,字符串长度在 2 个字符到 10 个字符之间,"value" 属性表示字符长度。

代码 3 - 19　限定元素数据范围

```
    <?xml version = "1. 0"encoding = "gb2312"? >
```

```
<xs:schema xmlns:xs = "http://www. w3. org/2001/XMLSchema" >
    <xs:element    name = "库存现金" >
        <xs:simpleType >
            <xs:restriction    base = "xs:decimal" >
                <xs:maxInclusive    value = "15000"/>
                <xs:minInclusive    value = "0"/ >
            </xs:restriction >
        </xs:simpleType >
    </xs:element >
</xs:schema >
```

代码 3 – 19 定义了"库存现金"元素，该元素是十进制小数类型，取值范围在 0 ~ 15 000 之间，可取 0 和 15 000。"maxExclusive" 和 "minExclusive" 的用法与此类似，不再重复举例。

五、数据类型

使用内置数据类型和约束条件已经可以定义很多不同数据类型的元素。根据前边的元素定义过程，可以发现定义元素的核心是刻画该元素表示的数据类型。数据类型刻画得越准确，就越利于 XML 应用软件对 XML 文档的有效性进行检验，从而让错误数据在输入阶段就可以被检查出来。在上面的定义中，所有元素的数据类型都是在元素内部定义的，这种方式称之为数据类型的匿名定义方式，其优点是数据类型为该元素专用，外部环境无法查看该数据类型的定义方法，保持了元素的私密性，缺点则是该数据类型无法被其他具有相同数据类型的元素和属性复用。在实际应用中，经常会遇到需要同时定义多个数据类型相同的元素或属性的情况，这时如果对每一个元素或属性都使用匿名方式定义其内部数据类型，就需要把一种数据类型重复定义多遍，会使得代码很冗长。一个很好的解决此类问题的方法是将数据类型独立出来，单独定义其结构，并为其命名，然后定义元素引用该数据类型。这种方式不仅很好地解决了代码复用问题，还在数据类型维护时，可以通过修改数据类型而一劳永逸地修改使用该类型的元素和属性，从而减轻了数据维护的工作量。因此这种方式被广泛地应用在 XML Schema 模式文件中，称之为数据类型的全局定义方法。

假设我们要同时定义三个相近的元素，分别是"借方发生额""贷方发生额""期末余额"。这三个元素的数据类型都一样，是大于或等于 0 的十进制小数。如果使用第四节的定义方法，就需要分别定义三次，代码很冗长。下面用数据类型的全局定义模式来简化定义过程，实现相同的定义效果，如代码 3 - 20 所示。

代码 3 - 20　限定元素数据范围

```xml
<?xml version = "1.0" encoding = "gb2312"?>
<xs:schema xmlns:xs = "http://www.w3.org/2001/XMLSchema">
    <xs:simpleType name = "nonNegativeDecimal">
        <xs:restriction base = "xs:decimal">
            <xs:minInclusive value = "0"/>
        </xs:restriction>
    </xs:simpleType>
    <xs:element name = "借方发生额" type = "nonNegativeDecimal"/>
    <xs:element name = "贷方发生额" type = "nonNegativeDecimal"/>
    <xs:element name = "期末余额" type = "nonNegativeDecimal"/>
</xs:schema>
```

代码 3 - 20 定义了一个名为"nonNegativeDecimal"的全局数据类型，该数据类型可以在当前 XML Schema 文档中被任意使用。代码在最后使用该数据类型定义了"借方发生额""贷方发生额""期末余额"三个元素，这些元素使用"type"属性对"nonNegativeDecimal"进行了调用。

有了数据类型的概念，定义 XML 文档的重点就从元素和属性转移到了数据类型。数据类型变成了 XML Schema 文档的核心，这实际上成为 XML Schma 与 DTD 之间的重要区别。也因为此，在数据理解上，XML Schema 显得更为深刻。

六、扩展机制

XML Schema 将数据类型分为简单类型和复杂类型。简单数据类型不包含属性，也不包含子元素，一般通过内置数据类型和约束条件就能定义清楚。复杂类型要么包含属性，要么包含子元素，或者兼而有之。根据所包含的内容，复杂类型又分为两种，一种是包含简单内容（simpleContent）的复杂类型，即不包含子元素，只包含属性；另一种是包含复杂内容（complexContent）的复杂类型，即包含子元素，属性可有可无。在代码 3 – 21 中，"库存现金"是简单类型元素，"银行存款"是包含简单内容的复杂元素，"货币资金表"是包含复杂内容的复杂元素。

代码 3 –21　各种数据类型

```
< ?xml version = "1. 0"standalone = "yes"? >
< 货币资金表　日期 = "2019 – 01 – 01"单位名称 = "上海红宇公司" >
    < 库存现金 > 1000 < /库存现金 >
    < 银行存款　单位 = "元" > 20000 < /银行存款 >
< /货币资金表 >
```

先探讨包含简单内容的复杂类型的定义方法。在 XML Schema 中，包含简单内容的复杂类型被看作是通过扩展简单类型而得到的。这一点其实不难理解，因为该种复杂类型在去掉所有属性后就变成了一种简单类型，所以这种复杂类型也可以看作是在简单类型的基础上通过"扩充"属性而获得的。刻画这种复杂类型首先刻画去掉它所有属性得到的简单类型，然后对该简单类型进行扩展，得到该复杂类型。比如要定义代码 3 – 21 中的"银行存款"元素，它是由一个非负小数类型加上一个字符类型的属性得到的，所以先定义非负小数类型，然后再定义字符类型属性，最后在非负小数类型的基础之上扩展字符类型属性，如代码 3 –22 所示。

代码 3 –22   定义包含简单内容的复杂元素

```xml
< ?xml version = "1. 0"encoding = "gb2312"? >
< xs:schema xmlns:xs = "http://www. w3. org/2001/XMLSchema" >
    <! -- 定义非负小数类型 -- >
    < xs:simpleType name = "nonNegativeDecimal" >
        < xs:restriction base = "xs:decimal" >
            < xs:minInclusive value = "0"/ >
        </xs:restriction >
    </xs:simpleType >
    <! -- 定义"单位"属性的数据类型 -- >
    <! -- 设定"单位"只能为"元""千元""万元" -- >
    < xs:simpleType name = "currencyUnitType" >
        < xs:restriction base = "xs:string" >
            < xs:enumeration value = "元"/ >
            < xs:enumeration value = "千元"/ >
            < xs:enumeration value = "万元"/ >
        </xs:restriction >
    </xs:simpleType >
    <! -- 定义"银行存款"的复杂数据类型 -- >
    < xs:complexType name = "bankDepositsType" >
        < xs:simpleContent >
        < xs:extension base = "nonNegativeDecimal" >
            < xs:attribute name = "单位" type = "currencyUnitType"/ >
        </xs:restriction >
        </xs:simpleContent >
    </xs:complexType >
    <! -- 定义"银行存款"元素 -- >
    < xs:element name = "银行存款" type = "bankDepositsType"/ >
</xs:schema >
```

在代码 3 − 22 中，数据类型 "nonNegativeDecimal" "currencyUnitType" "bankDepositsType" 均采用全局定义，所以在文档中可以直接引用。复杂数据类型的定义标签是 "＜xs：complexType＞"，下面的 "＜xs：simpleContent＞" 标签说明该复杂类型包含的是简单内容。"＜xs：extension＞" 标签表示扩展，它的 "base" 属性表明扩展是以 "nonNegativeDecimal" 数据类型为基础的。在 "＜xs：extension＞" 内包含一个 "＜xs：attribute＞" 标签，表示扩展内容是增添了一项属性，该属性名称为 "单元"，数据类型为 "currencyUnitType"。由于 "银行存款" 的单位不可能为任意字符，所以设定该 "单位" 可取的值为 "元" "千元" "万元"。在复杂数据类型定义完毕后，定义元素 "银行存款"，申明该元素的数据类型为复杂类型 "bankDepositsType"。在此例中，对 "＜xs：attribute＞" 的定义是采用的局部定义方式，也就是说除了 "bankDepositsType"，其他数据类型无法使用该属性。实际上，属性也可以采用全局的方式进行定义，这样定义以后，属性就可以在文档中被其他数据项调用，如代码 3 − 23 所示。在代码中，"单元" 属性被定义在外部，扩展时，使用 "ref" 属性直接引用。

代码 3 −23 属性的全局定义模式

```
＜？xml version = "1. 0"encoding = "gb2312"？＞
＜xs：schema xmlns：xs = "http：//www. w3. org/2001/XMLSchema" ＞
    ＜！-- 定义非负小数类型 -- ＞
    ＜xs：simpleType name = "nonNegativeDecimal"＞
        ＜xs：restriction base = "xs：decimal"＞
            ＜xs：minInclusive value = "0"/＞
        ＜/xs：restriction＞
    ＜/xs：simpleType＞
    ＜！-- 定义"单位"属性的数据类型 -- ＞
    ＜！-- 设定"单位"只能为"元""千元""万元" -- ＞
    ＜xs：simpleType name = "currencyUnitType"＞
        ＜xs：restriction base = "xs：string"＞
            ＜xs：enumeration value = "元"/＞
            ＜xs：enumeration value = "千元"/＞
```

```
            < xs:enumeration    value = "万元"/ >
        </xs:restriction >
    </xs:simpleType >
    <! --   将"单元"定义为全局属性    -- >
    < xs:attribute    name = "单元"type = "currencyUnitType"/ >
    <! --   定义"银行存款"的复杂数据类型    -- >
    < xs:complexType    name = "bankDepositsType" >
        < xs:simpleContent >
          < xs:extension    base = "nonNegativeDecimal" >
              < xs:attribute    ref = "单元"/ >
          </xs:extension >
        </xs:simpleContent >
    </xs:complexType >
    <! --   定义"银行存款"元素    -- >
    < xs:element    name = "银行存款"    type = "bankDepositsType"/ >
</xs:schema >
```

七、定义复杂内容

　　介绍完包含简单内容的复杂数据类型之后，下面来看一看如何定义包含复杂内容的复杂类型。对于包含复杂内容的复杂类型，它可能同时包含属性和子元素。由于前面已经说明可以通过扩展给数据类型添加属性，所以定义复杂内容的关键在于如何定义其中包含的子元素，因为在子元素定义完毕之后，可以通过扩展来添加属性得到同时包含属性和子元素的复杂类型。

　　在 XML Schema 中，包含复杂内容的复杂数据类型都被看作是对"anyType"内置数据类型进行约束得到的。这其实不难理解，因为"anyType"对数据内容没有任何要求，而复杂类型对其中出现的属性和子元素是有限定的，因此在"anyType"的基础上去派生复杂类型，本质上是一种约束关系。假设要定义代码 3 – 21 中的"货币资金表"元素，该元素是典型的同时包含属性和子元素的复杂元素，可以把元素定义过程分为两步，首先定义如代码 3 - 24 所示的"货币资金表"元素：

代码 3 - 24　不带属性的货币资金表元素

```
<货币资金表>
    <库存现金>1000</库存现金>
    <银行存款　单位="元">20000</银行存款>
</货币资金表>
```

然后在该元素的基础上再增加"日期"和"单位名称"属性。"库存现金"元素和"银行存款"元素的定义方法见代码 3 - 19 和代码 3 - 23，为了节省篇幅定义"货币资金表"时对这两个元素进行直接引用。XML Schema 在定义子元素提供了 3 种标签，分别是：

➤ < sequence >：该元素所包含的子元素必须按顺序出现在父元素中。

➤ < choice >：该元素包含的子元素只能在父元素中出现一个。

➤ < all >：该元素包含的子元素能以任意顺序在父元素中出现。

使用 < sequence > 标签，定义代码 3 - 24 中的" < 货币资金表 > "数据类型，如代码 3 - 25 所示。

代码 3 - 25　定义仅包含子元素的复杂数据类型

```
<?xml version="1.0"encoding="gb2312"?>
<xs:schema xmlns:xs="http://www.w3.org/2001/XMLSchema">
    <xs:complexType　name="currencyReportType1">
    <!--　使用"复杂内容"标签,说明包含子元素　-->
    <xs:complexContent>
    <!--　所有复杂内容类型都通过限制"anyType"定义　-->
    <xs:restriction　base="xs:anyType">
        <xs:sequence>
            <xs:element ref="库存现金"　minOccurs="1"　maxOccurs=
            "1"/>
```

```
        <xs:element ref = "银行存款"  minOccurs = "1"  maxOccurs =
        "1"/ >
      </xs:sequence >
    </xs:restriction >
  <xs:complexContent >
</xs:complexType >
</xs:schema >
```

在代码 3 – 25 中，将不包含属性的"货币资金表"元素的数据类型命名为"currencyReportType1"，使用"< xs:complexContent >"标签表明该数据类型包含子元素。包含子元素的复杂类型均通过约束"anyType"类型派生，所以使用"< xs:restriction >"标签，并将其"base"属性设为"anyType"。在"< xs:restriction >"标签内定义子元素结构，使用"< xs:sequence >"标签说明其中包含的子元素"库存现金""银行存款"要按顺序出现，这两个元素后面接的属性"minOccurs""maxOccurs"表示元素允许出现的最少次数和最多次数，将两者都设为 1，表示元素必须出现，并且只能出现一次。换句话来讲，因为子元素出现的顺序不对，下述的 XML 片段是无效的：

```
<货币资金表 >
    <银行存款  单位 = "元" >20000 </银行存款 >
    <库存现金 >1000 </库存现金 >
</货币资金表 >
```

由于所有包含子元素的复杂类型都需要使用"< xs:complexContent >"标签和对"anyType"进行约束的"< xs:restriction >"标签，因此如果代码后面有申明子元素的标签，如"< xs:sequence >""< xs:choice >""< xs:all >"，则可以省略涉及"< xs:complexContent >""< xs:restriction >"的代码。也就是说代码 3 – 26 与代码 3 – 25 的作用是等效的。由于代码 3 – 26 的写法比较简洁，因此一般都按照代码 3 – 26 的方式去定义子元素。

代码 3 – 26   定义子元素的简洁写法

```
< ?xml version = "1. 0"encoding = "gb2312"? >
```

```
< xs:schema xmlns:xs = "http://www.w3.org/2001/XMLSchema" >
    < xs:complexType   name = "currencyReportType1" >
        < xs:sequence >
            < xs:element ref = "库存现金"   minOccurs = "1"   maxOccurs =
            "1"/ >
            < xs:element ref = "银行存款"   minOccurs = "1"   maxOccurs =
            "1"/ >
        </xs:sequence >
    </xs:complexType >
</xs:schema >
```

接下来在"currencyReportType1"的基础上添加"日期"和"单位名称"属性，定义代码 3 - 27。

代码 3 - 27 扩展属性生成复杂内容

```
< ?xml version = "1.0"encoding = "gb2312"? >
< xs:schema xmlns:xs = "http://www.w3.org/2001/XMLSchema" >
    < !--  定义"日期"属性   -- >
    < xs:simpleType   name = "dateType" >
        < xs:restriction   base = "xs:date" >
            < xs:minInclusive   value = "1950 - 01 - 01"/ >
        </xs:restriction >
    </xs:simpleType >
    < xs:attribute   name = "日期"   type = "dateType"/ >
    < !--  定义"单位名称"属性   -- >
    < xs:simpleType   name = "companyNameType" >
        < xs:restriction   base = "xs:string" >
            < xs:maxLength   value = "100"/ >
        </xs:restriction >
    </xs:simpleType >
```

```
    < xs:attribute    name = "单位名称"   type = "companyNameType"/ >
    <! --   定义"货币资金表"元素    -- >
    < xs:complexType    name = "currencyReportType" >
        < xs:complexContent >
            < xs:extension    base = "currencyReportType1" >
                < xs:attribute    ref = "日期"   use = "required"/ >
                < xs:attribute    ref = "单位名称"   use = "required"/ >
            </xs:extension >
        < xs:complexContent >
    </xs:complexType >
    < xs:element    name = "货币资金表"   type = "currencyReportType"/ >
</xs:schema >
```

代码 3 - 27 首先定义了"日期"和"单位名称"属性，为了对输入数据进行有效的检验，设定"日期"值必须在 1950 年 1 月 1 日以后，"单位名称"最长不能超过 100 个字符。在数据类型"currencyReportType1"的基础上进行扩展，增添"日期"和"单位名称"属性。在" < xs:attribute > "标签中，"ref"属性是直接引用已经定义好的属性，"use"属性定义该属性在元素中是否必须出现，可以取三种值，分别是：

➤ required：表示该属性在元素中必须出现。

➤ optional：表示该属性在元素中可以出现，也可以不出现，如果不指明"use"属性，该选项是默认项。

➤ prohibited：表示禁止该属性在元素中出现。

"日期"和"单位名称"的"use"属性均设为"required"，表示这些属性在"货币资金表"元素中必须出现。

在定义数据类型时，还有一种"联合（union）"的机制比较有用，它可以将若干种简单数据类型合并成为一种新的简单类型。比如在经济交易中经常用到的"商品价格"元素，通常情况下，这种元素的取值是有限定范围的十进制小数。但在有些场合，该元素的内容也可能为字符类型数据，比如当新商品已经推出，但价格尚未公布时，该元素内容就是文本如"未知"等。因此该元素的取值范围应该是十进制小数与文本类型数据的结合体。代码 3 - 28 给出了这种元素的一种定义方式。

代码 3 - 28　联合简单数据类型

```
< ? xml version = "1. 0"encoding = "gb2312"? >
< xs:schema xmlns:xs = "http://www. w3. org/2001/XMLSchema"  >
    < xs:simpleType    name = "positiveDecimal" >
        < xs:restriction    base = "xs:decimal" >
            < xs:minExclusive    value = "0"/ >
        </xs:restriction >
    </xs:simpleType >
    < xs:simpleType    name = "priceText" >
        < xs:restriction    base = "xs:string" >
            < xs:enumeration    value = "未知"/ >
            < xs:enumeration    value = "尚未公布"/ >
            < xs:enumeration    value = "已下架"/ >
        </xs:restriction >
    </xs:simpleType >
    <！-- 用"union"合成"商品价格"数据类型    -- >
    < xs:simpleType    name = "priceType" >
        < xs:union    memberTypes = "positiveDecimal    priceText" >
    </xs:simpleType >
    <！-- 定义"商品价格"元素    -- >
    < xs:element    name = "商品价格"    type = "priceType"/ >
</xs:schema >
```

在 " < xs:union > " 元素中，使用 "memberTypes" 属性列举出需要联合的简单数据类型，简单数据类型之间用空格隔开。按照代码 3 - 28 的定义，下面的 XML 片段均是有效的：

< 商品价格 > 1. 99 </商品价格 >

< 商品价格 > 未知 </ 商品价格 >

< 商品价格 > 已下架 </ 商品价格 >

XML Schema 是一种非常好的 XML 文档格式的定义工具，它具有丰富的内置数据类型，良好的数据范围约束机制和完备易用的数据派生方法。它能满足用户大部分的 XML 数据定义需求，并且能提供很好的数据重用和数据管理功能。XBRL 技术标准从 2.0 版本开始已经采用 XML Schema 技术进行定义，对 XML Schema 语言的正确理解是掌握 XBRL 技术标准的基础。使用 XML Schema 可以有效地帮助用户对通用 XBRL 分类标准进行扩展，通过命名空间的合理分配，扩展标准可以和通用分类标准很好地兼容。

第四章
XBRL技术规范研究

2010 年 10 月，我国发布了 XBRL 技术的国家标准《可扩展商业报告语言（XBRL）技术规范》，该标准分为四个部分，分别是第一部分基础、第二部分维度、第三部分公式和第四部分版本。XBRL 国家标准的制定是我国 XBRL 工作取得的重要进展，它为我国企业应用 XBRL 技术，执行 XBRL 监管要求提供了依据和基础。分析和研究 XBRL 国家标准具有重要的理论意义和实际应用价值。本章对《可扩展商业报告语言（XBRL）技术规范 第 1 部分基础》（以下简称《第 1 部分基础》）进行具体分析。

《第 1 部分基础》是 XBRL 技术体系中的基石，它定义了 XBRL 报告和 XBRL 分类标准使用的基本元素和主要数据类型，是学习和理解标准其他部分的基础。《第 1 部分基础》共发布了 4 份 XBRL 模式文件（见附录），分别是：

（1）xbrl – instance – 2003 – 12 – 31. xsd；

（2）xbrl – linkbase – 2003 – 12 – 31. xsd；

（3）xlink – 2003 – 12 – 31. xsd；

（4）xl – 2003 – 12 – 31. xsd。

下面对这四份文件分别进行分析。

第一节　Instance 文档研究

XBRL 实例定义文档"xbrl – instance – 2003 – 12 – 31. xsd"是 XBRL 中的基础性文件，它规定了 XBRL 实例文档中可以使用的数据类型。它的起始部分如代码 4 – 1 所示。

代码 4 – 1　Instance 文档初始部分

```
< ?xml version = "1. 0"　? >
    < schema　targetNamespace = "http://www. xbrl. org/2003/instance"
        xmlns = "http://www. w3. org/2001/XMLSchema"
      xmlns:xbrli = "http://www. xbrl. org/2003/instance"
```

```
xmlns：link = "http：//www. xbrl. org/2003/linkbase"
elementFormDefault = "qualifled" >


  < annotation >
   < documentation >
  Taxonomy schema for XBRL This schema defines
  syntax relating to XBRL instances.
   </documentation >
  </annotation >


  < import namespace = "http：//www. xbrl. org/2003/linkbase"
   schemaLocation = "xbrl - linkbase - 2003 - 12 - 31. xsd"  / >
```

在代码 4 – 1 中，首行申明了该文档为 XML 文件。在"schema"元素的开始标签内，"targetNamespace"的属性值表明该文档的命名空间为"http：//www. xbrl. org/2003/instance"，文档引用了另外 3 份 XML Schema 文档，它们的命名空间分别是"http：//www. w3. org/2001/XMLSchema""http：//www. xbrl. org/2003/instance""http：//www. xbrl. org/2003/linkbase"。引用第一个命名空间时，没有注明简写，表示在该文档中，凡是没有前缀的元素都来自该空间。属性"elementFormDefault"设为"qualifled"表示其他文档引用该文档定义的元素时必须加该文档的命名空间前缀。"< annotation >"是注释元素，其中的"< documentation >"元素表示文本注释，计算机读取 XML Schema 文档时不会分析其中的注释信息。"< import >"元素表示从本地导入命名空间"http：//www. xbrl. org/2003/linkbase"的 XML Schema 定义文档。为节省正文篇幅，下面的分析不在正文中引用附录的代码，请读者自行参照附录查看。

Instance 文档随后定义了两项用于刻画 XBRL 数据项性质的属性，分别是"periodType""balance"。"periodType"属性刻画元素信息的时间特性，如果表示某个时间点的财务状况信息，"periodType"取"instant"；如果表示某个时间段的经营成果类信息，"periodType"取"duration"。该属性是一个文本性质的枚举值。"balance"属性刻画借贷方向，仅能取"借"或"贷"，也是文本性质的枚举值。

接下来，Instance 文档定义了 6 种简单数据类型和 2 个属性组（attribute-Group）。6 种简单数据类型分别为：

（1）monetary：货币金额类型，表示可用货币单位计量的金额，为十进制小数型。

（2）shares：份额类型，表示可用份额单位计量的财务数据，为十进制小数型。

（3）pure：无量纲量，表示诸如比例、比率的数据，为十进制小数型。

（4）nonZeroDecimal：表示非零小数，使用"＜union＞"方式定义，联合了大于 0 的小数和小于 0 的小数。常用于定义分母。

（5）precisionType：表示精度位数，可以为非负整数或字符"INF"，为"INF"表示为准确值。

（6）decimalsType：表示十进制小数的精确位数，可以为非负整数或字符"INF"，为"INF"表示精确位数为无穷大或数据为准确值。

在定义元素属性时，可以将经常同时出现的一组属性定义为一个属性组，元素引用了该属性组就意味着将属性组中的属性都定义为该元素的属性。2 个属性组分别为：

（1）numericItemAttrs：数值型数据项使用的属性组，共包含 5 种属性，其中"contextRef"表示数据项的背景信息，为"IDREF"类型，必须出现；"unitRef"表示数据项的单位信息，也为"IDREF"类型，必须出现；"precision"表示数据项的精度，为上述的"precisionType"类型，是可选属性；"decimals"表示数据项的十进制小数精确度，为上述的"decimalsType"类型，为可选属性；"id"表示数据项的唯一标识，为"ID"类型，为可选属性。

（2）nonNumericItemAttrs：非数值型数据项使用的属性组，共包含 2 种属性，分别是"contextRef""id"，含义与"numericItemAttrs"中的同名属性相同。

文档接着定义了复杂类型"decimalItemType""floatItemType""doubleItemType"，这些类型都用于刻画数值型数据项，只是使用的内置数据类型不同，分别使用"decimal""float""double"，它们都包含"numericItemAttrs"属性组，并允许用户使用其他属性对其扩展。"＜anyAttribute＞"的含义是可以用其他属性扩展该元素，属性"namespace"设为"##other"表示扩展属性不能来自本命名空间，必须来自其他命名空间。"processContents"表示如何验证该属性的有效性，设为"lax"表示验证 XML 文件时，对该属性进行验证，但如果没有找到对应的模式文档，也不报错。后面定义的复杂类型"monetaryItemType""sharesItemType""pureItemType"的作用与前面三种复杂类型相似，只是它们的基类型不是 XML Schema 内置数据类型，而是在 Instance 文档中自定义的简单类型"monetary""shares""pure"，它们对这些基本数据类型进行了扩展，增添了"numericItemAttrs"属性组，并允许其他命名空间的属性对其进行扩展。后面的"fractionItemType"是一个比率数据类型，它包含分子和分母元素，包含"contextRef""unitRef""id"属性，但没有精确度信息，可以用其他命名空间的属性对其进行扩展。这些类型的"final"属性都设为"extension"，表示允许对其进行扩展。

接下来，文档定义了 13 种通过扩展内置数据类型得到的数值型数据项，它们的作用类似于"decimalItemType""floatItemType""doubleItemType"，但使用的内置数据类型不一样。它们分别为：

（1）integerItemType：通过"Integer"类型扩展，包含"numericItemAttrs"属性组，允许使用其他命名空间的属性扩展。执行 XML 验证时，对扩展属性进行验证，但如果没有找到模式文件进行验证，也不报错误。下边的数据类型除了进行扩展的基类型不一样外，其他均一样。

（2）nonPositiveIntegerItemType：以"nonPositiveInteger"为基类型进行扩展。

（3）negativeIntegerItemType：以"negativeInteger"为基类型进行扩展。

（4）longItemType：以"long"为基类型进行扩展。

（5）intItemType：以"int"为基类型进行扩展。

（6）shortItemType：以"short"为基类型进行扩展。

（7）byteItemType：以"byte"为基类型进行扩展。

（8）nonNegativeIntegerItemType：以"nonNegativeInteger"为基类型进行扩展。

（9）unsignedLongItemType：以"unsignedLong"为基类型进行扩展。

（10）unsignedIntItemType：以"unsignedInt"为基类型进行扩展。

（11）unsignedShortItemType：以"unsignedShort"为基类型进行扩展。

（12）unsignedByteItemType：以"unsignedByte"为基类型进行扩展。

（13）posltiveIntegerItemType：以"posltiveInteger"为基类型进行扩展。

下面是 15 项使用内置数据类型或 Instance 文档中定义的简单数据类型进行扩展的非数值型数据项，它们都是包含简单内容的复杂类型，均包含"nonNumericItemAttrs"属性组，允许从其他命名空间引入新属性，所不同的是它们扩展的基类型不同：

（1）stringItemType：以"string"内置数据类型为基类型扩展。

（2）booleanItemType：以"boolean"内置数据类型为基类型扩展。

（3）hexBinaryItemType：以"hexBinary"内置数据类型为基类型扩展。

（4）base64BinaryItemType：以"base64Binary"内置数据类型为基类型扩展。

（5）anyURIItemType：以"anyURI"内置数据类型为基类型扩展。

（6）QNameItemType：以"QName"内置数据类型为基类型扩展。

（7）durationItemType：以"duration"内置数据类型为基类型扩展。

（8）dateTimeItemType：以 Instance 中的"dateUnion"为基类型扩展，"dateUnion"的定义在文档后面。

（9）timeItemType：以"time"内置数据类型为基类型扩展。

（10）dateItemType：以"date"内置数据类型为基类型扩展。

（11）gYearMonthItemType：以"gYearMonth"内置数据类型为基类型扩展。

（12）gYearItemType：以"gYear"内置数据类型为基类型扩展。

（13）gMonthDayItemType：以"gMonthDay"内置数据类型为基类型扩展。

（14）gDayItemType：以"gDay"内置数据类型为基类型扩展。

（15）gMonthItemType：以"gMonth"内置数据类型为基类型扩展。

接下来定义了 5 种非数值型数据项，这些数据项都通过内置数据类型扩展得到，包含"nonNumericItemAttrs"属性组，不允许从其他命名空间引入新属性，它们各自扩展的基类型不同：

（1）normalizedStringItemType：以"normalizedString"为基类型进行扩展，该种基类型会将文本内容中的换行、制表和回车符自动转换空白内容。

（2）tokenItemType：以"token"为基类型进行扩展，该基类型会自动删除前后多余空白，将多个空白转换为一个空白。

（3）languageItemType：以"language"为基类型进行扩展，该基类型用于表示合法语言代码，如"en – GB""en – US"等。

（4）NameItemType：以"Name"为基类型进行扩展，该基类型表示 XML 合法元素名。

（5）NCNameItemType：以"NCName"为基类型进行扩展，该基类型表示一个不带命名空间前缀的合法 XML 元素名。

然后 Instance 文档开始定义"Context"相关元素，该元素用于刻画财务数据的背景信息。"Context"元素包含"entity""period""scenario"三个子元素。为了描述"Context"元素，文档定义了"segment"元素、简单数据类型"dateUnion"和三个复杂类型，分别是"contextEntityType""contextPeriodType""contextScenarioType"。下面对这几种类型分别介绍。

（1）segment：包含子元素的复杂元素，定义中没有明确指定包含哪种子元素，而是要求使用其他命名空间的子元素对该元素进行扩展，这样的元素至少出现一个，至多可以出现无穷个。

（2）contextEntityType：包含属性和子元素的复杂类型，用于说明报告主体的背景信息。该复杂类型包含"identifier""segment"两个子元素，其中"identifier"为包含简单内容的复杂元素，元素内容为文本，属性"scheme"为必选属性，是"anyURI"类型。

（3）dateUnion：简单数据类型，是内置数据类型"date""dateTime"的联合体。

（4）contextPeriodType：包含子元素的复杂类型，用于说明报告期的时间性质，可能取三类值，第一类是时间段，这种情况需要指明报告期的起点和终点；第二类是时间点（instant），用"dateUnion"类型表示；第三类是永久有效（forever），用一个空复杂元素表示。

（5）contextScenarioType：介绍报告背景的概括信息，包含子元素的复杂 类型，子元素可由任意非本命名空间的元素扩展得到，至少出现一个，可以出现无穷多个。

（6）context：介绍报告背景信息。包含一个"id"属性和 3 个按顺序出现的子元素，"entity""period""scenario"。它们分别是"contextEntityType"类型、"contextPeriodType"类型和"contextScenarioType"类型。"entity"描述报告主体，"period"描述报告期的性质，"scenario"描述报告概况。

接下来定义"unit"相关数据类型，分别是复杂类型"measureType"和 3 个元素"measure""divide""unit"。

（1）measure：表示度量方式，"QName"类型的简单元素。

（2）measureType：表示一组度量方式，包含子元素的复杂数据类型，子元素至少有 1 个，至多无穷个。

（3）divide：表示以比率形式存在的单位，必须定义分母单位和分子单位，是包含子元素的复杂元素。

（4）unit：表示单位，有一个"id"属性，包含子元素的复杂元素，要么为比率形式的单位，要么为"measure"形式的单位。

最后定义"xbrl"元素，该元素是实例文档的根元素，相关元素包括"item""tuple"。

（1）item：抽象元素，仅用于在"xbrl"元素中被替换。

（2）tuple：抽象元素，仅用于在"xbrl"元素中被替换。

（3）xbrl：实例文档根元素，包含属性"id"，可以用命名空间"http：//www. w3. org/xml/1998/namespace"中的任何属性扩展，扩展属性在验证 XML 文档时要验证有效性，但如果因为找不到对应模式文档而无法验证时，不会报错。在该元素中，会依次出现 Linkbase 文档中的"schemaRef""linkbaseRef""roleRef""arcroleRef"元素，其中"schemaRef"元素表示编制该实例文档依据的分类标准，至少出现 1 次，其他元素可以不出现，也可以出现任意多次。"xbrl"元素中还可以包含任意多次的"item"替代元素、"tuple"替代元素、"context"元素、"unit"元素和 Link 文档中的"footnoteLink"元素。

第二节　XLink 文档研究

在 XBRL 技术规范的附录中，从编列顺序上讲，Linkbase 文档在前，XLink 文档和 XL 文档在后。而从定义内容上来讲，XLink 文档是 W3C 发布的 XLink 技术的标准文件，XL 文档是对 XLink 文档的后续补充和拓展，Linkbase 文档是

XBRL 国际根据 XLink 和 XL 文档发布的链接库模式文件。分析 Linkbase 文件需要以 XLink 和 XL 文档为基础。所以本书先介绍 XLink 和 XL 文档，再介绍 Linkbase 文档。

XLink 是 XML 链接语言（XML Linking Language）的缩写，它定义了在 XML 文档中创建超级链接的标准方法，于 2001 年 6 月被 W3C 确定为推荐标准。类似于 HTML 中的超链接"＜a＞"标签，使用 XLink 可以在 XML 元素内通过定义属性连接外部资源。附录后的 XLink 文档共定义了 4 种简单类型、6 种属性组和 10 种属性。4 种简单类型分别为：

（1）nonEmptyURI：非空的统一资源标识符，为"anyURI"内置数据类型，限定最小长度为 1，会在"role""arcrole""href"元素中用到。

（2）typeEnum：为属性"type"设置的枚举类型，基类型为"string"，可取 6 种值，分别为"string""simple""extended""locator""arc""resource"和"title"。

（3）showEnum：表示打开外部资源的方式，基类型为"string"，可取 5 种值，分别是"new""replace""embed""other""none"。

（4）actuateEnum：表示加载外部资源的方式，基类型为"string"，可取 4 种值，分别是"onLoad""onRequest""other""none"。

6 种属性组是为"typeEnum"类型的 6 种取值分别设定的。

（1）simpleType：仅包含"type"属性，并且该属性值只能取"simple"，是必须出现的属性。

（2）extendedType：仅包含"type"属性，并且该属性值只能取"extended"，是必须出现的属性。

（3）locatorType：仅包含"type"属性，并且该属性值只能取"locator"，是必须出现的属性。

（4）arcType：仅包含"type"属性，并且该属性值只能取"arc"，是必须出现的属性。

（5）resourceType：仅包含"type"属性，并且该属性值只能取"resource"，是必须出现的属性。

（6）titleType：仅包含"type"属性，并且该属性值只能取"title"，是必须出现的属性。

10 种属性分别是：

（1）type：为"typeEnum"枚举类型，刻画 XML 链接的性质，取值"simple"表示创建简单链接，类似于 HTML 语言的超链接；取值"extended"表示创建一个指向多个文档的多向链接；取值"resource"表示指向本地资源；取值"locator"表示指向远程资源；取值"arc"表示描述两个链接的横向联系。

（2）role：提供链接的补充说明信息，为"nonEmptyURI"类型。

（3）arcrole：提供弧的补充说明信息，为"nonEmptyURI"类型。

（4）title：为"role"属性提供辅助说明信息，为"string"类型。

（5）show：定义如何显示外部资源，为"showEnum"枚举类型。取值"new"表示外部资源显示在独立的环境中，比如浏览器的新窗口；取值"replace"表示在当前环境中显示，替代当前显示内容；取值"embed"表示把外部资源嵌入当前环境显示。

（6）actuate：定义加载外部资源的方式，为"actuateEnum"枚举类型。取值"onRequest"表示用户请求后才能加载，类似于 HTML 超链接的加载方式，用户点击链接后才有效；取值"onLoad"表示加载源文档时，链接自动激活。

（7）label：定义链接资源标签，为"NCName"内置数据类型，即不带前缀的合法 XML 元素名。

（8）from：定义弧的起点，为"NCName"内置数据类型。

（9）to：定义弧的终点，为"NCName"内置数据类型。

（10）href：指定要链接的外部资源的 URI，为"anyURI"内置数据类型。

第三节　XL 文档研究

XL 文档是由 XBRL 国际制定的，在 XLink 技术的基础上做的扩展，它总共定义了 1 个简单数据类型、7 个全局复杂类型和 7 个抽象复杂元素。该简单数据类型供复杂数据类型"arcType"调用，7 个抽象元素是对应的 7 个全局复杂类型的具体实现。现对这些类型分述如下。

定义的 1 个简单类型是：

useEnum：该类型用于定义扩展链接弧属性，基类型为"NMTOKEN"，只能取枚举值"optional""prohibited"。

定义的 7 个复杂类型分别为：

（1） documentationType：用于注释扩展链接和扩展链接库，基类型为"string"，可以用其他命名空间的属性扩展。

（2） titleType："xl：title"元素的数据类型，包含 XLink 文档中的属性组"xlink：titleType"。

（3） locatorType："xl：locator"元素的数据类型，包含"xl：title"子元素，包含 XLink 文档中的属性组"xlink：locatorType"，包含 XLink 文档中的属性"xlink：href""xlink：label""xlink：role"和"xlink：title"，其中前两个属性是必需的，后两个属性可选。

（4） arcType："xl：arc"元素的数据类型，包含"xl：title"子元素，包含 XLink 文档中的属性组"xlink：arcType"，包含属性"xlink：from""xlink：to""xlink：arcrole""xlink：title""xlink：show""xlink：actuate""order""xl：use""priority"，其中前三个属性是必需的，后面的属性可选。

（5） resourceType："xl：resource"元素的数据类型，包含 XLink 文档中的属性组"xlink：resourceType"，包含属性"xlink：label""xlink：role""xlink：title""id"，只有第一属性是必须有的，其他属性可有可无。

（6） extendedType："xl：extended"元素的数据类型，可包含 5 种子元素，分别是"xl：title""xl：documentation""xl：locator""xl：arc""xl：resource"，这些元素的出现顺序是任意的，出现次数也是任意的。包含 XLink 文档中的属性组"xlink：extendedType"，包含属性"xlink：role""xlink：title""id"，只有第一属性是必须有的，其他属性可有可无。另外还可以使用命名空间"http：//www.w3.org/XML/1998/namespace"中的属性进行扩展。

（7） simpleType："xl：simple"元素的数据类型，包含 XLink 文档中的属性组"xlink：simpleType"，包含属性"xlink：href""xlink：arcrole""xlink：role""xlink：title""xlink：show""xlink：actuate"，其中第一个属性是必需的，后面的属性可选。可以使用命名空间"http：//www.w3.org/XML/1998/namespace"中的属性进行扩展。

根据上面的 7 个复杂类型，XL 文档实例化了 7 种抽象元素，这些元素不能在实例文档中直接使用，只能被符合要求的其他元素替换。它们分别是：

（1）documentation：用于注释扩展链接和扩展链接库，数据类型为上述的"documentationType"。注意该元素与 XML Schema 中的"xs：documentation"元素同名，但两者并不冲突，因为所处命名空间不同。

（2）title：用于说明扩展链接、扩展弧和扩展定位器，数据类型为"title-Type"。

（3）locator：用于表示 XBRL 中的扩展链接定位器，数据类型为"locatorType"。

（4）arc：表示弧，数据类型为"arcType"。

（5）resource：表示本地资源，数据类型为"resourceType"。

（6）extended：表示扩展链接，数据类型为"extendedType"。

（7）simple：表示简单链接，数据类型为"simpleType"。

第四节　Linkbase 文档研究

Linkbase 文档是定义链接库的重要文档，它为简单链接和扩展链接定义了一系列元素，初始部分如代码 4 - 2 所示。

代码 4 - 2　Linkbase 文档的初始部分

```
< ? xml version = "1. 0"　? >
< schema targetNamespace = "http：//www. xbrl. org/2003/linkbase"
    xmlns = "http：//www. w3. org/2001/XMLSchema"
    xmlns：link = "http：//www. xbrl. org/2003/linkbase"
    xmlns：xl = "http：//www. xbrl. org/2003/XLink"
    xmlns：xlink = "http：//www. w3. org/1999/xlink"
    elementFormDefault = "qualified" >
```

中南财经政法大学"双一流"建设文库

```
< annotation >
  < documentation >
  XBRL simple and extended link schema constructs
  </documentation >
</annotation >

< import namespace = "http://www.xbrl.org/2003/XLink"
  schemaLocation = "xl-2003-12-31.xsd" />
< import namespace = "http://www.w3.org/1999/xlink"
  schemaLocation = "xlink-2003-12-31.xsd" />
```

根元素"< Schema >"在开始标签中引入了命名空间"http://www.w3.org/2001/XMLSchema""http://www.xbrl.org/2003/linkbase""http://www.xbrl.org/2003/XLink""http://www.w3.org/1999/xlink"。Linkbase 文档的命名空间是"http://www.xbrl.org/2003/linkbase",其他文档引用本命名空间内定义的数据类型、元素和属性时,必须加上该命名空间前缀。命名空间"http://www.xbrl.org/2003/XLink""http://www.w3.org/1999/xlink"的模式文档从本地导入,文件名分别为"xl-2003-12-31.xsd""xlink-2003-12-31.xsd"。

文档共定义了 27 项元素,下边分述如下:

（1）documentation:该元素将 XL 文档中的抽象元素"xl:documentation"实体化了。"xl:documentation"为抽象元素,所以不能在实例文档中直接使用,只能被替换。"link:documentation"的"substitutionGroup"属性设为"xl:documentation"表示它可以替换元素"xl:documentation"。它没有增加新的属性和子元素,所以元素结构和"xl:documentation"相同。

（2）loc:与上面的"link:documentation"元素类似,它实体化了 XL 文档中的抽象元素"xl:locator",元素结构和"xl:locator"相同,可以替换"xl:locator"。

（3）labelArc:标签弧元素,用于替换"xl:arc"抽象元素,元素结构和"xl:arc"相同,属于"xl:arcType"类型。它是标准弧元素的一种扩展。

（4）referenceArc:参考弧元素,标准弧元素的一种扩展,用于替换"xl:

arc"抽象元素,元素结构和"xl:arc"相同,属于"xl:arcType"类型。

(5) definitionArc:定义弧元素,连接各种概念,可以替换"xl:arc"抽象元素,元素结构和"xl:arc"相同,属于"xl:arcType"类型。

(6) presentationArc:展示弧元素,定义了一个概念在展示时如何与其他概念相关联,可以替换"xl:arc"抽象元素。在"xl:arcType"类型的基础上增添了一项属性"preferredLabel",该属性为非空的"anyURI"内置数据类型,为可选属性。

(7) calculationArc:计算弧元素,是链接弧的扩展类型,可以替换"xl:arc"抽象元素,在"xl:arcType"类型的基础上增添了一项属性"weight",用于记录加权权重,类型为十进制小数类型,为必选属性。

(8) footnoteArc:脚注弧元素,是抽象元素"xl:arc"的一种实现,元素结构与"xl:arc"结构相同。

(9) label:"xl:resource"抽象元素的一种实现,数据类型为"xl:resourceType"。在"<complexType>""<complexContent>"标签中定义了"mixed"属性为"true",表示该元素允许混杂内容,即在子元素之间可以出现文本。允许使用命名空间"http://www.w3.org/1999/xhtml"中的任何元素扩展,在XML有效性检验时,对这些元素的有效性不做检验,这些元素可以不出现,也可以出现任意多次。允许使用命名空间"http://www.w3.org/XML/1998/namespace"中的任何属性扩展,在XML有效性检验时,尝试对这些属性的有效性进行检验,但如果找不到相关模式文档,则略过。

(10) part:抽象元素,供定义"reference"元素用,为"string"内置数据类型。

(11) reference:用于对公开出版的商业文献中的概念进行引用,该元素提供必要的信息来查找和理解相关资料,但不包含文献的具体内容。可替换"xl:resource"元素,在数据类型"xl:resourceType"的基础上扩展了"part"元素,该元素可以出现任意多次,允许混杂内容。

(12) footnote:脚注元素。允许混杂内容,对"xl:resourceType"数据类型进行了扩展,允许使用命名空间"http://www.w3.org/1999/xhtml"中的任何元素和命名空间"http://www.w3.org/XML/1998/namespace"中的任何属性,对前者不进行有效性检验,对后者尝试检验,但如果找不到相关模式文档,不会报错。

（13）presentationLink：展示链接元素，描述分类标准中概念间的列示关系。可用于替换"xl：extended"元素，在"xl：extendedType"数据类型的基础上进行了扩展，允许包含"xl：title""link：documentation""link：loc""link：presentationArc"元素任意多次。允许使用命名空间"http：//www. w3. org/XML/1998/namespace"中的任何属性进行扩展，XML 文档检验时，会尝试检验扩展属性的有效性，如果找不到相关定义文件，也不报错。

（14）definitionLink：定义链接元素，用于表示分类标准中概念间多种复杂的关系。可以替换"xl：extended"元素，在"xl：extendedType"数据类型的基础上进行了扩展，允许元素"xl：title""link：documentation""link：loc""link：definitionArc"以任意次数和任意顺序出现。允许使用命名空间"http：//www. w3. org/XML/1998/namespace"中的任何属性进行扩展，XML 文档检验时，会尝试检验扩展属性的有效性，如果找不到相关定义文件，也不报错。

（15）calculationLink：计算链接元素，描述分类标准中概念间的计算关系，与上两种扩展元素类似，用于替换"xl：extended"元素，在"xl：extendedType"的基础上扩展了元素"xl：title""link：documentation""link：loc""link：calculationArc"，这些元素可以以任意顺序和次数出现。允许使用命名空间"http：//www. w3. org/XML/1998/namespace"中的任何属性，对这些属性尝试检验，如无法检验不报错。

（16）labelLink：标签链接元素，可以替换"xl：extended"元素，在"xl：extendedType"的基础上扩展了元素"xl：title""link：documentation""link：loc""link：labelArc""link：label"，这些元素可以以任意顺序和次数出现。允许使用命名空间"http：//www. w3. org/XML/1998/namespace"中的任何属性，对这些属性尝试检验，如无法检验不报错。

（17）referenceLink：参考链接元素，用于包含概念和相关法律法规间的关系。可以替换"xl：extended"元素，在"xl：extendedType"的基础上扩展了元素"xl：title""link：documentation""link：loc""link：referenceArc""link：reference"，这些元素可以以任意顺序和次数出现。允许使用命名空间"http：//www. w3. org/XML/1998/namespace"中的任何属性，对这些属性尝试检验，如无法检验不报错。

（18）footnoteLink：脚注链接元素，用于描述 XBRL 实例中事实之间的不规则结构化的关联。可以替换"xl：extended"元素，在"xl：extendedType"的基础上扩展了元素"xl：title""link：documentation""link：loc""link：footnoteArc""link：footnote"，这些元素可以以任意顺序和次数出现。允许使用命名空间"http：//www. w3. org/XML/1998/namespace"中的任何属性，对这些属性尝试检验，如无法检验不报错。

（19）linkbase：链接库元素。按照 XLink 规范，包含一系列内部链接和第三方链接的文档被称为链接库。链接库是扩展链接或包含扩展链接的元素，也可包含 documentation 元素。该元素可包含子元素"link：documentation""link：roleRef""link：arcroleRef""xl：extended"，这些元素可以以任意顺序和次数出现。可包含属性"id"，该属性为"ID"内置数据类型。允许使用命名空间"http：//www. w3. org/XML/1998/namespace"中的任何属性，对这些属性尝试检验，如无法检验不报错。

（20）linkbaseRef：链接库引用元素，用于在 XBRL 实例文档和分类标准中查找某个链接库。通过约束"xl：simpleType"数据类型派生，增添属性"xlink：arcrole"，该属性是必需的，且只能取值"http：//www. w3. org/1999/xlink/properties/linkbase"。允许使用命名空间"http：//www. w3. org/XML/1998/namespace"中的任何属性扩展，对这些属性尝试检验，如无法检验不报错。

（21）schemaRef：分类标准引用元素。每份 XBRL 实例文档必须包含至少一个 schemaRef，用于说明编制该实例文档所依据的分类标准。该元素可替换"xl：simple"元素，数据类型为"xl：simpleType"。

（22）roleRef：用于引用某项"xlink：role"属性值。在"xl：simpleType"的基础上增添了属性"roleURI"，该属性的类型为"xlink：nonEmptyURI"，值为关联的"xlink：role"属性的名称，为必须出现的属性。

（23）arcroleRef：用于引用某项"xlink：role"属性值。与"roleRef"元素类似，在"xl：simpleType"的基础上增添了属性"arcroleURI"，该属性的类型为"xlink：nonEmptyURI"，值为关联的"xlink：arcrole"属性的名称，为必须出现的属性。

（24）definition：该元素用于为常用的"xlink：role""xlink：arcrole"对象加上注解。

（25）usedOn：用于说明什么元素可以使用某"xlink：role""xlink：arcrole"对象。为"QName"内置数据类型。

（26）roleType：为 XBRL 扩展链接中的"link：role"属性添加说明信息。该元素为包含子元素和属性的复杂元素。可包含两种子元素，一种是"link：definition"，该属性提供对被标识的"link：role"属性的说明，是可选属性，最多出现1 次；另一种是"link：usedOn"，表示可以使用"link：role"的元素，可出现无穷多次。可包含 2 种属性，一种是"link：roleURI"，表示"link：role"的 URI，为必备属性；另一种是"id"属性，为"ID"内置数据类型，可有可无。

（27）arcroleType：为 XBRL 扩展链接中的"link：arcrole"属性添加说明信息。该元素与上述"roleType"元素类似，为包含子元素和属性的复杂元素。可包含"link：definition""link：role"两种元素，前一种元素至多出现 1 次，后一种元素至少出现 1 次，可出现无穷多次。可包含 3 种属性，第一种是"link：arcroleURI"，表示说明的"link：arcrole"的 URI，为必备属性；第二种是"id"属性，为"ID"内置数据类型，可有可无；第三种属性为"cyclesAllowed"，为简单类型，对内置类型"NMTOKEN"进行了约束，只能取"any""undirected""none"三种枚举值。

第五章
总结与展望

第一节　总　　结

  XBRL 技术是在 20 世纪末出现的财务报告领域的重大技术革新，信息时代的来临是催生它出现的重要时代背景。在信息时代，信息的存储成本大幅降低，信息的传输和处理效率大幅提高，信息的使用范围大大扩展。这些变化为会计理论和会计实务的发展提供了广阔的机遇。财务报告是反映企业财务状况和经营成果的重要文件，实现财务报告编制的实时化、流程化和机器可理解化将为企业、政府监管部门、投资者、债权人和其他利益相关者带来巨大的利益，企业可以利用 XBRL 技术提高财务报告的编制效率，简化呈报流程；政府监管部门可以利用它来分析企业财务报告，并对财务报告进行有效的管理；投资者可以通过 XBRL 财务报告实时地了解企业财务状况，改进投资决策；债权人可以通过 XBRL 财务报告了解企业的偿债能力。这些益处使得 XBRL 技术在全球范围得到了普遍的支持并迅速推广。我国也较早地开展了 XBRL 技术的引入和应用工作，深交所和上交所在 2003 年前后分别制订了各自的 XBRL 财务报告呈报方案，走在了全球 XBRL 应用的前列。时至今日，XBRL 技术在我国的证券、银行、金融、石油化工等行业得到了广泛的推广。随着应用的深入，对 XBRL 的技术体系进行深入研究变得非常重要。本书就 XBRL 的历史沿革、研究成果、技术基础和模式规范进行了分析和探讨。

  从发展起源来讲，XBRL 技术来源于通用标记语言 XML，它的技术架构和具体实现都是以 XML 语言和相关规范为基础的。在早期，美国 AICPA 组织为 XBRL 技术的开发项目提供了资金支持；随后，XBRL 国际组织主导了 XBRL 国际标准的制定和相关扩展技术的研发，这两大组织对 XBRL 技术的发展起了巨大地推动作用。历年举办的 XBRL 国际大会促进了 XBRL 技术在世界范围内的交流和推广。约在 2006 年以后，XBRL 的技术体系已基本发展成熟，逐步从探索期过渡到应用期，各国开始纷纷启动 XBRL 应用项目，各大软件公司也开始推出服务 XBRL 体系的应用软件产品。时至今日，XBRL 的应用已遍及全球，各种新的应用和标准不断涌现，相关研究取得了丰硕的成果。由于各国国情的差别，XBRL 技术在各个国家的发展情况并不完全相同。针对我国的实际应用状况，本书归纳了 XBRL 研究在理论基础、技术实践和相关实务方面的主要成果。从 2000 年以来，我国在制定 XBRL 分类标准、开发 XBRL 应用系统、建立网络财务报告模型、分析 XBRL 应用效果和 XBRL 审计应用等方面取得了长足的进步。国家制定和发布了一系列与 XBRL 技术相关的规范、制度和文件，一大批 XBRL 项目在实际应用中取得了良好的效益，XBRL 技术培训在高校、企业和政府机关得到了广泛的开展。

　　XBRL 技术的核心由模式文档、分类标准和实例文档三部分组成，其中模式文档是 XBRL 技术的基石，分类标准是应用的基础，实例文档则是网络财务报告的具体实现。理解这三部分的内容需要学习标记语言的相关理论。本书从财务应用的角度简要说明了 HTML 语言和 XML 语言的基本原理，通过举例应用，阐释了 HTML 文件和 XML 文件的主要作用和编制方法，对两者的特点进行比较分析。DTD 和 XML Schema 是规定 XBRL 文档格式的重要工具，理解 XBRL 模式文档和掌握实例文档的编制方法离不开对这两项工具的深入研究。从诞生时间上来说，DTD 技术在前，XML Schema 在后；从使用功能上来讲，XML Schema 比 DTD 功能更丰富；而在掌握难易程度方面，DTD 则比 XML Schema 简单易学。在当前 XML 技术环境中，两者处于并行竞争状态。XBRL 的最新标准均采用 XML Schema 制定，只有理解了 XML Schema 的功能和结构才能理解 XBRL 的具体技术。本书对 XML Schema 技术进行了深入的剖析，从命名空间、元素定义和扩展机制等方面分析了 XML Schema 的主要结构和使用方法，并将其应用于研究 XBRL 的国家技术标准。XBRL 的国家标准由 4 份模式文档定义，分别是 Instance 文档、XLink 文档、XL 文档和 Linkbase 文档。其中 Instance 文档是核心文档，它规定了实例文档的编制方式；XLink 文档是 W3C 制定的用于给 XML 文件添加链接定义的技术标准，使用 XLink 可以将不同 XML 元素关联起来；XL 文档是 XBRL 国际根据财务报告的需要对 XLink 文档做的扩展，它为 Linkbase 文档提供了多种数据类型定义；Linkbase 文档也是 XBRL 技术中的核心，它定义了 XBRL 文档中的多种扩展弧，是各种 XBRL 扩展链接和扩展弧的管理文档。

第二节　展　　望

XBRL 技术是推进我国财务报告信息化的重要机遇，XBRL 技术跨平台、机器可读的优良特性还有巨大的应用潜力。随着我国社会经济的发展，XBRL 技术的应用领域将会越来越广，商业信息的统一化和标记化将给信息的使用者带来可观的效益。鼓励学术界和实务界开展更多的 XBRL 研究，在商业领域大力推广 XBRL 培训还有很多重要的工作要做。在未来，XBRL 技术的发展可能呈现如下一些趋势：

（1）XBRL 技术与数据挖掘技术的结合。每年上市公司呈报的实例文档数以万计，这些文档包含丰富的财务和非财务信息，可以为利益相关者提供很多有价值的材料，如何通过对这些文档进行有效的挖掘来提升决策质量和效率是一个很值得研究的话题。

（2）XBRL 技术应用领域的推广。XBRL 技术早期是专为呈报财务报告而设计的，但在应用过程中，发现它还可以应用于其他领域，例如企业内部管理报告的编制，证券业、金融业等不同信息系统之间的数据交换等。可以预见，还有更多可以应用 XBRL 技术的领域有待发掘。

（3）制定 XBRL 标准和相关政策将会更多地考虑到本国的实际情况。正如应唯等（2013）指出的，当今国际经济竞争的焦点之一是标准和质量，标准化已经成为各个行业发展所面临的重大问题。我国在制定 XBRL 标准的方面取得了重大成绩，但也需要注意到当前标准在很多方面遵循以美国 GAAP 为指导的国际 XBRL 标准和 W3C 制定的 XML 标准。我国的经济结构和管理制度与美国存在差异，如何制定符合我国国情的 XBRL 标准，提高 XBRL 工作质量，维护我国利益是一个需要重要研究的课题。

（4）普及和推广 XBRL 应用教育。随着 XBRL 技术的迅速发展，市场对 XBRL 技术人才的需求与日俱增，如何丰富 XBRL 的教学内容，提供先进的、个性化、可视化的教学方案是提高 XBRL 教育质量，培育优秀 XBRL 应用人才需要解决的重要问题。

　　总之，随着 XBRL 技术的快速发展和 XBRL 应用范围的不断扩大，市场对于 XBRL 人才、技术的需求将会越来越大。在全国范围内推进 XBRL 事业，培养 XBRL 人才，发掘 XBRL 的应用潜力，还需要各行各业专家的共同努力。

附　录

模　式　文　件^①

1.　xbrl – instance – 2003 – 12 – 31. xsd

```
< ? xml version = "1. 0"    ? >
< schema    targetNamespace = "http://www. xbrl. org/2003/instance"
  xmlns = "http://www. w3. org/2001/XMLSchema"
  xmlns:xbrli = "http://www. xbrl. org/2003/instance"
  xmlns:link = "http://www. xbrl. org/2003/linkbase"
  elementFormDefault = "qualifled" >

< annotation >
  < documentation >
  Taxonomy schema for XBRL This schema defines syntax relating to XBRL instances.
  </documentation >
</annotation >

< import namespace = "http://www. xbrl. org/2003/linkbase"
  schemaLocation = "xbrl – linkbase – 2003 – 12 – 31. xsd"    / >
```

①　附录中所附的四份模式文件来源于中华人民共和国国家质量监督检验检疫总局与中国国家标准化管理委员
　　会联合发布的中华人民共和国国家标准《可扩展商业语言（XBRL）技术规范》（GB/T 25500. 1 – 2010）。
　　该标准的主要起草单位包括中国证券监督管理委员会信息中心，中华人民共和国财政部，上海证券交易
　　所，深圳证券交易所和中国科学院研究生院计算与通信工程学院。

```
< annotation >
  < documentation >
Define the attributes to be used on XBRL concept definitions.
  </ documentation >
</ annotation >

< attribute name = "periodType" >
  < annotation >
    < documentation >
    The periodType attribute( restricting the period for XBRL items).
    </ documentation >
  </ annotation >
  < simpleType >
    < restriction   base = "token" >
      < enumeration value = "instant"   / >
      < enumeration value = "duration"   / >
    </ restriction >
  </ simpleType >
</ attribute >

< attribute name = "balance" >
  < annotation >
    < documentation >
    The balance attribute( imposes calculation relationship restrictions).
    </ documentation >
  </ annotation >
< simpleType >
  < restriction base = "token" >
    < enumeration value = "debit"   / >
    < enumeration value = "credit"   / >
```

```
      </restriction >
   </simpleType >
   </attribute >


   < annotation >
      < documentation >
      Define the simple types used as a base for item types.
      </documentation >
   </annotation >


   < simpleType name = "monetary" >
      < annotation >
         < documentation >
         the monetary type serves as the datatype for those financial
         concepts in a taxonomy which denote units in a currency
         Instance items with this type must have a unit of measure
         from the ISO 4217 namespace of currencies.
          </documentation >
      </annotation >
      < restriction base = "decimal"   / >
   </simpleType >


   < simpleType name = "shares" >
      < annotation >
         < documentation >
         This datatype serves as the datatype for share based
         financial concepts
          </documentation >
      </annotation >
      < restriction base = "decimal"   / >
```

```
    </simpleType >

< simpleType name = "pure" >
  < annotation >
    < documentation >
    This datatype serves as the type for dimensionless numbers
    such as percentage change, growth rates, and other ratios
    where the numerator and denominator have the same units.
    </documentation >
  </annotation >
  < restriction base = "decimal"   / >
</simpleType >

< simpleType name = "nonZeroDecimal" >
  < annotation >
    < documentation >
    As the name implies this is a decimal value that can not take
    the value 0 – it is used as the type for the denominator of a
    fractionItemType.
    </documentation >
  </annotation >
  < union >
    < simpleType >
      < restriction base = "decimal"   >
        < minExclusive value = "0"   / >
      </restriction >
    </simpleType >
    < simpleType >
      < restriction base = "decimal" >
        < maxExclusive value = "0"   / >
```

```
          </restriction >
        </simpleType >
      </union >
    </simpleType >


  < simpleType name = "precisionType"  >
    < annotation >
      < documentation >
      This type is used to specify the value of the
      precision attribute on numeric items It consists
      of the union of nonNegatlveInteger and"INF"   (used
      to signify infinite precision or"exact value").
      </documentation >
    </annotation >
    < union memberTypes = "nonNegativeInteger" >
      < simpleType >
        < restriction base = "string" >
          < enumeration value = "INF"   / >
        </restriction >
      </simpleType >
    </union >
  </simpleType >


  < simpleType name = "decimalsType"  >
    < annotation >
      < documentation >
      This type is used to specify the value of the decimals attribute
      on numeric items It consists of the union of integer and"INF"
      (used to signify that a number is expressed to an infinite number
      of decimal places or"exact value").
```

中南财经政法大学"双一流"建设文库

```
      </documentation >
    </annotation >
    < union memberTypes = "integer"  >
      < simpleType >
        < restriction base = "string" >
          < enumeration value = "INF"  / >
        </ restriction >
      </ simpleType >
    </ union >
  </ simpleType >


< attributeGroup name = "numericItemAttrs"  >
  < annotation >
    < documentation >
    Group of attributes for numeric items
    </ documentation >
  </ annotation >
  < attribute name = "contextRef"type = "IDREF"use = "required"  / >
  < attribute name = "unitRef"type = "IDREF"use = "required"  / >
  < attribute name = "precision"type = "xbrli:precisionType"use = "optional"/ >
  < attribute name = "decimals"type = "xbrli:decimalsType"use = "optional"  / >
  < attribute name = "id"type = "ID"use = "optional"  / >
</ attributeGroup >


< attributeGroup name = "nonNumericItemAttrs" >
  < annotation >
    < documentation >
    Group of attributes for non – numeric items
    </ documentation >
  </ annotation >
```

```
        < attribute name = "contextRef"type = "IDREF"use = "required"   / >
        < attribute name = "id"type = "ID"use = "optional"   / >
  </attributeGroup >


  < annotation >
    < documentation >
    General numeric item types – for use on concept element definitions.
    The following 3 numeric types are all based on the built – in
    data types of XML Schema.
    </documentation >
  </annotation >


  < complexType mme = "decimalItemType"final = "extension" >
    < simpleContent >
      < extension base = "decimal" >
        < attributeGroup ref = "xbrli:numericItemAttrs"   / >
        < anyAttribute namespace = "##other"processContents = "lax"/
      </extension >
    </simpleContent >
  </complexType >


  < complexType name = "floatItemType"   final = "extension"   >
    < simpleContent >
      < extension base = "float"   >
        < attributeGroup ref = "xbrli:numericItemAttrs"   / >
        < anyAttribute namespace = "##other"   processContents = "lax"   / >
      </extension >
    </simpleContent >
  </complexType >
```

```
< complexType name = "doubleItemType"    final = "extension"   >
   < simpleContent >
      < extension base = "double"   >
         < attributeGroup ref = "xbrli:numericItemAttrs"   / >
         < anyAttrihute namespace = "##other"processContents = "lax"   / >
      < / extension >
   < / simpleContent >
< / complexType >


< annotation >
   < documentation >
XBRL domain numeric item types – for use on concept element definitions
The following 4 numeric types are all types that have been identifled as
having particular relevance to the domain space addressed by XBRL and are
hence included in addition to the built – in types from XMI. Schema.
   < / documentation >
< / annotation >


< complexType name = "monetaryItemType"final = "extension"   >
   < simpleContent >
      < extension base = "xhrli:monetary" >
         < attributeGroup ref = "xbrli:numericItemAttrs"/ >
         < anyAttribute namespace = "##other"processContents = "lax"/ >
      < / extension >
   < / simpleContent >
< / complexType >


< complexType name = "sharesItemType"final = "extension"   >
   < simpleContent >
      < extension base = "xbrli:shares" >
```

```
      < attributeGroup ref = "xbrli:numericItemAttrs"   / >
      < anyAttribute namespace = "##other"processContents = "lax"/ >
    </extension >
  </simpleContent >
</complexType >


< complexType name = "pureItemType"final = "extension" >
  < simpleContent >
    < extension base = "xbrli:pure" >
      < attributeGroup ref = "xbrli:numericItemAttrs"   / >
      < anyAttribute namespace = "##other"processContents = "lax"/
    </extension >
  </simpleContent >
</complexType >


< complexType name = "fractionItemType"final = "extension" >
  < sequence >
    < element name = "numerator"type = "decimal"   / >
    < element name = "denominator"type = "xbrli:nonZeroDecimal"   / >
  </sequence >
  < attribute name = "contextRef"type = "IDREF"use = "required"   / >
  < attribute name = "unitRef"type = "IDREF"use = "required"   / >
  < attribute name = "id"type = "ID"use = "optional"   / >
  < anyAttribute namespace = "##other"processContents = "lax"   / >
</complexType >


< annotation >
  < documentation >
  The following 13 numeric types are all based on the XML Schema
  built – in types that are derived by restriction from decimal.
```

```
        </documentation >
    </annotation >


    < complexType name = "integerItemType"final = "extension" >
        < simpleContent >
            < extension base = "Integer" >
                < attributeGroup ref = "xbrli:numericItemAttrs"    / >
                < anyAttribute namespace = "##other"processContents = "lax"    / >
            </extension >
        </simpleContent >
    </complexType >


    < complexType name = "nonPositiveIntegerItemType"final = "extension" >
        < simpleContent >
            < extension base = "nonPositiveInteger" >
                < attributeGroup ref = "xbrli:numericItemAttrs"    / >
                < anyAttribute namespace = "##other"processContents = "lax"    / >
            </extension >
        </simpleContent >
    </complexType >


    < complexType name = "negativeIntegerItemType"final = "extension" >
        < simpleContent >
            < extension base = "negativeInteger" >
                < attributeGroup ref = "xbrli:numericItemAttrs"    / >
                < anyAttribute namespace = "##other"processContents = "lax"    / >
            </extension >
        </simpleContent >
    </complexType >
```

```
< complexType name = "longItemType"final = "extension" >
  < simpleContent >
    < extension base = "long" >
      < attributeGroup ref = "xbrlifnumericItemAttrs"   / >
      < anyAttribute namespace = "##other"processContents = "lax"/ >
    </ extension >
  </ simpleContent >
</ complexType >


< complexType name = "intItemType"final = "extension"  >
  < simpleContent >
    < extension base = "int" >
      < attributeGroup ref = "xbrli：numericItemAttrs"   / >
      < anyAttribute namespace = "##other"processContents = "lax"/ >
    </ extension >
  </ simpleContent >
</ complexType >


< complexType name = "shortItemType"final = "extension" >
  < simpleContent >
    < extension base = "short" >
      < attributeGroup ref = "xbrli：numericItemAttrs"   / >
      < anyAttribute namespace = "##other"processContents = "lax"   / >
    </ extension >
  </ simpleContent >
</ complexType >


< complexType name = "byteItemType"final = "extension" >
  < simpleContent >
    < extension base = "byte" >
```

```
      < attributeGroup ref = "xbrli:numericItemAttrs"/ >
      < anyAttribute namespace = "##other"processContents = "lax"  / >
    < /extension >
  < /simpleContent >
< /complexType >


< complexType name = "nonNegativeIntegerItemType"final = "extension"  >
  < simpleContent >
    < extension base = "nonNegativeInteger" >
      < attributeGroup ref = "xbrli:numericItemAttrs"  / >
      < anyAttribute namespace = "##other"processContents = "lax"  / >
    < /extension >
  < /simpleContent >
< /complexType >


< complexType name = "unsignedLongItemType"final = "extension" >
  < simpleContent >
    < extension base = "unsignedLong"  >
      < attributeGroup ref = "xbrli:numericItemAttrs"/ >
      < anyAttribute namespace = "##other"processContents = "lax"  / >
    < /extension >
  < /simpleContent >
< /complexType >


< complexType name = "unsignedIntItemType"   final = "extension"  >
  < simpleContent >
    < extension base = "unsignedInt" >
      < attributeGroup ref = "xbrli:numericItemAttrs"  / >
      < anyAttribute namespace = "##other"processContents = "lax"  / >
    < /extension >
```

```
      </simpleContent >
   </complexType >


   < complexType name = "unsignedShortItemType"final = "extension" >
      < simpleContent >
        < extension base = "unsignedShort"   >
          < attributeGroup ref = "xbrli:numericItemAttrs"   / >
          < anyAttribute namespace = "##other"processContents = "lax"   / >
        </extension >
      </simpleContent >
   </complexType >


   < complexType name = "unsignedByteItemType"final = "extension"   >
      < simpleContent >
        < extension base = "unsignedByte" >
          < attributeGroup ref = "xbrli:numericItemAttrs"/ >
          < anyAttribute namespace = "##other"processContents = "lax"   / >
        </extension >
      </simpleContent >
   </complexType >


   < complexType name = "posltiveIntegerItemType"   final = "extension" >
      < simpleContent >
        < extension base = "positiveInteger"   >
          < attributeGroup ref = "xbrli:numericItemAttrs"   / >
        </extension >
      </simpleContent >
   </complexType >


   < annotation >
```

```
< documentation >
The following 17 non – numeric types are all based oh the primitive built – in
data types of XML Schema.
</documentation >
</annotation >


< complexType name = "stringItemType"    final = "extension" >
  < simpleContent >
    < extension base = "string" >
      < attributeGroup ref = "xbrli:nonNumericItemAttrs"   / >
      < anyAttribute namespace = "##other"processContents = "lax"/ >
    </extension >
  </simpleContent >
</complexType >


< complexType name = "booleanItemType"final = "extension" >
  < simpleContent >
    < extension base = "boolean" >
      < attributeGroup ref = "xbrli:nonNumericItemAttrs"   / >
      < anyAttribute namespace = "##other"processContents = "lax"/ >
    </extension >
  </simpleContent >
</complexType >


< complexType name = "hexBinaryItemType"final = "extension"   >
  < simpleContent >
    < extension base = "hexBinary" >
      < attributeGroup ref = "xbrli:nonNumericItemAttrs"   / >
      < anyAttribute namespace = "##other"processContents = "lax"/ >
    </extension >
```

```
    </simpleContent >
  </complexType >


  < complexType name = "base64BinaryItemType"final = "extension" >
    < simpleContent >
      < extension base = "base64Binary" >
        < attributeGroup ref = "xbrIi:nonNumericItemAttrs"/ >
        < anyAttribute namespace = "##other"processContents = "lax"  / >
      </extension >
    </simpleContent >
  < complexType >


  < complexType name = "anyURlItemType"final = "extension" >
    < simpleContent >
      < extension base = "anyURI" >
        < attributeGroup ref = "xbrli:nonNumericItemAttrs"  / >
        < anyAttribute namespace = "##other"processContents = "lax"  / >
      </extension >
    </simpleContent >
  </complexType >


  < complexType name = "QNameItemType"final = "extension" >
    < simpleContent >
      < extension base = "QName" >
        < attributeGroup ref = "xbrli:nonNumericItemAttrs"  / >
        < anyAttribute namespace = "##other"processContents = "lax"  / >
      </extension >
    </simpleContent >
  </complexType >
```

```
< complexType  Name = "durationItemType"final = "extension" >
  < simpleContent >
    < extension  base = "duration"   >
      < attributeGroup  ref = "xbrli:nonNumericItemAttrs"   / >
      < anyAttribute  namespace = "##other"processContents = "lax"/ >
    </extension >
  </simpleContent >
</complexType >


< complexType  name = "dateTimeItemType"final = "extension" >
  < simpleContent >
    < extension  base = "xbrli:dateUnion"  >
      < attributeGroup  ref = "xbrli:nonNumericItemAttrs"   / >
      < anyAttribute  namespace = "##other"processContents = "lax"/ >
    </extension >
  </simpleContent >
</complexType >


< complexType  name = "timeItemType"final = "extension"   >
  < simpleContent >
    < extension  base = "time"   >
      < attributeGroup  ref = "xbrli:nonNumericItemAttrs"/ >
      < anyAttribute  namespace = "##other"processContents = "lax"/ >
    </extension >
  </simpleContent >
</complexType >


< complexType  name = "dateItemType"final = "extension" >
  < simpleContent >
    < extension  base = "date"   >
```

```
        < attributeGroup ref = "xbrli:nonNumericItemAttrs"   / >
        < anyAttribute namespace = "##other"processContents = "lax"/ >
      </extension >
   </simpleContent >
</complexType >


< complexType name = "gYearMonthItemType"final = "extension" >
   < simpleContent >
     < extension base = "gYearMonth" >
        < attributeGroup ref = "xbrli:nonNumericItemAttrs"   / >
        < anyAttribute namespace = "##other"processContents = "lax"/ >
      </extension >
    </simpleContent >
</complexType >


< complexType name = "gYearItemType"final = "extension" >
   < simpleContent >
     < extension base = "gYear" >
        < attributeGroup ref = "xbrli:nonNumericItemAttrs"   / >
        < anyAttribute namespace = "##other"processContents = "lax"/ >
      </extension >
    </simpleContent >
 </complexType >


< complexType name = "gMonthDayItemType"final = "extension" >
   < simpleContent >
     < extension base = "gMonthDay"/ >
        < attributeGroup ref = "xbrli:nonNumericItemAttrs"   / >
        < anyAttribute namespace = "##other"processContents = "lax"/ >
      </extension >
```

```
    </simpleContent >
  </complexType >


  < complexType name = "gDayItemType"final = "extension"   >
    < simpleContent >
      < extension base = "gDay"   / >
        < attributeGroup ref = "xbrli：nonNumericItemAttrs"   / >
        < anyAttribute namespace = "##other"processContents = "lax"/ >
      </ extension >
    </ simpleContent >
  </complexType >


  < complexType name = "gMonthItemType"final = "extension" >
    < simpleContent >
      < extension base = "gMonth" >
        < attributeGroup ref = "xbrli：nonNumericItemAttrs"   / >
        < anyAttribute namespace = "##other"processContents = "lax"/ >
      </ extension >
    </ simpleContent >
  </complexType >


< annotation >
  < documentation >
  The following 4 non – numeric types are all based on the XML Schema
  built – in types that are derived by restriction and/or list from string.
  </documentation >
</ annotation >


< complexType name = "normalizedstringItemType"final = "extension" >
  < simpleContent >
```

```
< extension base = "normalizedString" >
  < attributeGroup ref = "xbrli:nonNumericItemAttrs"/ >
</extension >
< simpleContent >
</complexType >


< complexType name = "tokenItemType"final = "extension" >
  < simpleContent >
    < extension base = "token"   >
      < attributeGroup ref = "xbrli:nonNumericItemAttrs"/ >
    </extension >
  </simpleContent >
</complexType >


< complexType name = "languageItemType"final = "extension" >
  < simpleContent >
    < extension base = "language"   >
      < attributeGroup ref = "xbrli:nonNumericItemAttrs"   / >
    </extension >
  </simpleContent >
</complexType >


< complexType name = "NameItemType"final = "extension" >
  < simpleContent >
    < extension base = "Name" >
      < attributeGroup ref = "xbrli:nonNumericItemAttrs"/ >
    </extension >
  </simpleContent >
</complexType >
```

```
< complexType name = "NCNameItemType"final = "extension" >
  < simpleContent >
    < extension base = "NCName" >
      < attributeGroup ref = "xbrli:nonNumericItemAttrs"/ >
    </extension >
  </simpleContent >
</complexType >


< annotation >
  < documentation >
  XML Schema components contributing to the context element.
  </documentation >
</annotation >


< element name = "segment" >
  < complexType >
    < sequence >
      < any namespace = "##other"processContents = "lax"
        minOccurs = "1"maxOccurs = "unbounded"/ >
    </sequence >
  </complexType >
</element >


< complexType name = "contextEntityType"  >
  < annotation >
    < documentation >
    The type for the entity element,used to describe the reporting entity
    Note that the scheme attribute is required and cannot be empty.
    </documentation >
  </annotation >
```

```
< sequence >
  < element name = "identifier"  >
    < complexType >
      < simpleContent >
        < extension base = "token" >
          < attribute name = "scheme"use = "required" >
            < simpleType >
              < restriction base = "anyURI" >
                < minLength value = "1"   / >
              < / restriction >
            < / simpleType >
          < / attribute >
        < / extension >
      < / simpleContent >
    < / complexType >
  < / element >
  < element ref = "xbrli:segment"minOccurs = "0"   / >
< / sequence >
< / complexType >


< simpleType name = "dateUnion" >
  < annotation >
    < documentation >
    The union of the date and dateTime simple types.
    < / documentation >
  < / annotation >
  < union memberTypes = "date dateTime"I, >
< / SimpleType >


< complexType name = "contextPeriodType" >
```

```
< annotation >
   < documentation >
  The type for the period element. used to describe the reporting date info.
   </doeumentation >
</annotation >
< choice >
  < sequence >
    < element rlame = "startDate"type = "xbrli:dateUnion"   / >
    < element flame = "endDate"type = "xbrli:dateUnion"   / >
  </sequence >
  < element name = "instant"type = "xbrli:dateUnion"   / >
  < element name = "forever" >
    < complexType/ >
  </element >
</choice >
</complexType >


< complexType name = "contextScenarioType" >
  < annotation >
    < documentation >
   Used for the scenario under which fact have been reported.
    </documentation >
  </annotation >
  < sequence >
    < any namespace = "##other"processContents = "lax"
     minOccurs = "1"   maxOccurs = "unbounded"   / >
  </sequence >
</complexType >


< element name = "context" >
```

```
< annotation >
  < documentation >
  Used for an island of context to which facts can be related.
  </documentation >
</annotation >
< complexType >
  < sequence >
    < element name = "entity"type = "xhrli:contextEntityType"  / >
    < element name = "period"type = "xbrli:contextPerlodType"  / >
    < element name = "scenario"type = "xbrli:contextScenarioType"
      minOccurs = "0"  / >
  </sequence >
  < attribute name = "id"type = "ID"use = "required"  / >
</complexType >
</element >


< annotation >
  < documentation >
  XML Schema components contributing to the unit element.
  </documentation >
</annotation >


< element name = "measure"type = "QName"  / >


< complexType name = "measuresType" >
  < annotation >
    < documentation >
    A collection of sibling measure elements.
    </documentation >
  </annotation >
```

```
< sequence >
    < element ref = "xbrli:measure"minOccurs = "1"maxOccurs = "unbounded"/ >
  </ sequence >
</ complexType >


< element name = "divide" >
  < annotation >
    < documentation >
  Element used to represent division in units.
    </ documentation >
  </ annotation >
  < complexType >
    < sequence >
      < element name = "unitNumerator"type = "xbrli:measuresType"  / >
      < element name = "unitDenominator"type = "xbrli:measuresType"/ >
    </ sequence >
  </ complexType >
</ element >


< element name = "unit"  >
  < annotation >
    < documentation >
  Element used to represent units information about numeric items.
    </ documentation >
  </ annotation >
  < complexType >
    < choice >
      < element ref = "xbrli:measure"minOccurs = "1"maxOccurs =
        "unbounded"/ >
      < element ref = "xbrli:divide"  / >
```

```
      </choice >
      < attribute name = "id"type = "ID"use = "required"   / >
    </complexType >
  </element >


  < annotation >
    < documentation >
    Elements to use for facts in instances.
    </documentation >
  </annotation >


  < element name = "item"type = "anyType"abstract = "true"   >
    < annotation >
      < documentation >
      Abstract item element used as head of item substitution.
      </documentation >
    </annotation >
  </element >


  < element name = "tuple"type = "anyType"abstract = "true"   >
    < annotation >
      < documentation >
      Abstract tuple element used as head of tuple substitution.
      </documentation >
    </annotation >
  </element >


  < element name = "xbrl" >
    < annotation >
      < documentation >
```

```
XBRL instance root element.
     </documentation >
   </annotation >
   < complexType >
     < sequence >
       < element ref = "link:schemaRef"minOccurs = "1"maxOccurs =
         "unbounded"/ >
       < element ref = "link:linkbaseRef"minOccurs = "0"maxOccurs =
         "unbounded"/ >
       < element ref = "link:roleRef"minOccurs = "0"maxOccurs =
         "unbounded"/ >
       < element ref = "link:arcroleRef"minOccurs = "0"maxOccurs =
         "unbounded"/ >
       < choice minOccurs = "0"maxOccurs = "unbounded"  >
         < element ref = "xbrli:item"    / >
         < element ref = "xbrli:tuple"    / >
         < element ref = "xbrli:context"    / >
         < element ref = "xbrli:unit"    / >
         < element ref = "link:footnoteLink"    / >
       </choice >
     </sequence >
     < attribute name = "id"type = "ID"use = "optional"    / >
     < anyAttribute namespace = "http://www. w3. org/XML/1998/namespace"
       processContents = "lax"/ >
   </complexType >
 </element >
</schema >
```

2. xbrl − linkbase − 2003 − 12 − 31. xsd

```
< schema targetNamespace = "http://www. xbrl. org/2003/linkbase"
    xmlns = "http://www. w3. org/2001/XMLSchema"
    xmlns:link = "http://www. xbrl. org/2003/linkbase"
    xmlns:xl = "http://www. xbrl. org/2003/XLink"
    xmlns:xlink = "http://www. w3. org/1999/xlink"
    elementFormDefault = "qualified" >


    < annotation >
      < documentation >
        XBRL simple and extended link schema constructs.
      </documentation >
    </annotation >


    < import namespace = "http://www. xbrl. org/2003/XLink"
        schemaLocation = "xl − 2003 − 12 − 31. xsd"/ >


    < import namespace = "http://www. w3. org/1999/xlink"
        schemaLocation = "xlink − 2003 − 12 − 31. xsd"/ >


    < element name = "documentation"
        type = "xl:documentationType"substitutionGroup = "xl:documentation" >
      < annotation >
        < documentation >
          Concrete element to use for documentation of extended links and linkbases.
        </documentation >
      </annotation >
```

```
  </element >

  < element name = "loc"type = "xl:locatorType"substitutionGroup = "xl:locator" >
    < annotation >
      < documentation >
        Concrete locator element. The loc element is the
        XLink locator element for all extended links in XBRL.
      </documentation >
    </annotation >
  </element >


  < element name = "labelArc"type = "xl:arcType"substitutionGroup = "xl:arc" >
    < annotation >
      < documentation >
        Concrete arc for use in label extended links.
      </documentation >
    </annotation >
  </element >


  < element name = "referenceArc"type = "xl:arcType"substitutionGroup =
    "xl:arc" >
    < annotation >
      < documentation >
        Concrete arc for use in reference extended links.
      </documentation >
    </annotation >
  </element >


  < element name = "definitionArc"type = "xl:arcType"substitutionGroup =
    "xl:arc" >
```

```
< annotation >
  < documentation >
    Concrete arc for use in definition extended links.
  < /documentation >
  < /annotation >
< /element >


< element name = "presentationArc"substitutionGroup = "xl:arc" >
  < complexType >
    < annotation >
      < documentation >
        Extension of the extended link arc type for presentation arcs.
        Adds a preferredLabel attribute that documents the role attribute
        value of preferred labels( as they occur in label extended links).
      < /documentation >
    < /annotation >
    < complexContent >
      < extension base = "xl:arcType" >
        < attribute name = "preferredLabel"use = "optional" >
          < simpleType >
            < restriction base = "anyURI" >
              < minLength value = "1"/ >
            < /restriction >
          < /simpleType >
        < /attribute >
      < /extension >
    < /complexContent >
  < /complexType >
< /element >
```

```
< element name = "calculationArc"substitutionGroup = "xl:arc" >
  < complexType >
    < annotation >
      < documentation >
        Extension of the extended link arc type for calculation arcs.
        Adds a weight attribute to track weights on contributions to
        summations.
      </documentation >
    </annotation >
    < complexContent >
      < extension base = "xl:arcType" >
        < attribute name = "weight"type = "decimal"use = "required"/ >
      </extension >
    </complexContent >
  </complexType >
</element >


< element name = "footnoteArc"type = "xl:arcType"substitutionGroup =
  "xl:arc" >
  < annotation >
    < documentation >
      Concrete arc for use in footnote extended links.
    </documentation >
  </annotation >
</element >


< element name = "label"substitutionGroup = "xl:resource" >
  < annotation >
    < documentation >
      Definition of the label resource element.
```

```
        </documentation >
    </annotation >
    < complexType mixed = "true" >
      < complexContent mixed = "true" >
        < extension base = "xl:resourceType" >
          < sequence >
            < any namespace = "http://www. w3. org/1999/xhtml"
              processContents = "skip"minOccurs = "0"maxOccurs =
              "unbounded"/ >
          </sequence >
          < anyAttribute namespace = "http://www. w3. org/XML/1998/
            namespace"processContents = "lax"/ >
        </extension >
      </complexContent >
    </complexType >
</element >


< element name = "part"type = "anySimpleType"abstract = "true" >
  < annotation >
    < documentation >
      Definition of the reference part element – for use in reference resources.
    </documentation >
  </annotation >
</element >


< element name = "reference"substitutionGroup = "xl:resource" >
  < annotation >
    < documentation >
      Definition of the reference resource element.
    </documentation >
```

```
        </annotation >
        < complexType mixed = "true" >
          < complexContent mixed = "true" >
            < extension base = "xl:resourceType" >
              < sequence >
                < element ref = "link:part"minOccurs = "0"maxOccurs =
                  "unbounded"/ >
              </sequence >
            </extension >
          </complexContent >
        </complexType >
    </element >


< element name = "footnote"substitutionGroup = "xl:resource" >
    < annotation >
      < documentation >
      Definition of the reference resource element.
      </documentation >
    </annotation >
    < complexType mixed = "true" >
      < complexContent mixed = "true" >
        < extension base = "xl:resourceType" >
          < sequence >
            < any namespace = "http://www. w3. org/1999/xhtml
              "processContents = "skip"
              minOccurs = "0"maxOccurs = "unbounded"/ >
          </sequence >
          < anyAttribute namespace = "http://www. w3. org/XML/1998/
            namespace"
            processContents = "lax"/ >
```

```
      </extension >
    </complexContent >
  </complexType >
</element >


< element name = "presentationLink"substitutionGroup = "xl:extended" >
  < annotation >
    < documentation >
      presentation extended link element definition.
    </documentation >
  </annotation >
  < complexType >
    < complexContent >
      < restriction base = "xl:extendedType" >
        < choice minOccurs = "0"maxOccurs = "unbounded" >
          < element ref = "xl:title"/ >
          < element ref = "link:documentation"/ >
          < element ref = "link:loc"/ >
          < element ref = "link:presentationArc"/ >
        </choice >
        < anyAttribute namespace = "http://www. w3. org/XML/1998/
          namespace"
          processContents = "lax"/ >
      </restriction >
    </complexContent >
  </complexType >
</element >


< element name = "definitionLink"substitutionGroup = "xl:extended" >
  < annotation >
```

```
< documentation >
definition extended link element definition.
</documentation >
</annotation >
< complexType >
< complexContent >
< restriction base = "xl:extendedType" >
< choice minOccurs = "0"maxOccurs = "unbounded" >
< element ref = "xl:title"/ >
< element ref = "link:documentation"/ >
< element ref = "link:loc"/ >
< element ref = "link:definitionArc"/ >
</choice >
< anyAttribute namespace = "http://www. w3. org/XML/1998/
namespace"
processContents = "lax"/ >
</restriction >
</complexContent >
</complexType >
</element >


< element name = "calculationLink"substitutionGroup = "xl:extended" >
< annotation >
< documentation >
calculation extended link element definition.
</documentation >
</annotation >
< complexType >
< complexContent >
< restriction base = "xl:extendedType" >
```

```
< choice minOccurs = "0" maxOccurs = "unbounded" >
  < element ref = "xl:title"/ >
  < element ref = "link:documentation"/ >
  < element ref = "link:loc"/ >
  < element ref = "link:calculationArc"/ >
</ choice >
< anyAttribute namespace = "http://www.w3.org/XML/1998/
  namespace" processContents = "lax"/ >
        </ restriction >
      </ complexContent >
    </ complexType >
  </ element >

< element name = "labelLink" substitutionGroup = "xl:extended" >
  < annotation >
    < documentation >
    label extended link element definition.
    </ documentation >
  </ annotation >
  < complexType >
    < complexContent >
      < restriction base = "xl:extendedType" >
        < choice minOccurs = "0" maxOccurs = "unbounded" >
          < element ref = "xl:title"/ >
          < element ref = "link:documentation"/ >
          < element ref = "link:loc"/ >
          < element ref = "link:labelArc"/ >
          < element ref = "link:label"/ >
        </ choice >
        < anyAttribute namespace = "http://www.w3.org/XML/1998/
```

```
                namespace"processContents = "lax"/ >
            </restriction >
          </complexContent >
        </complexType >
      </element >


      < element name = "referenceLink"substitutionGroup = "xl:extended" >
        < annotation >
          < documentation >reference extended link element definition </documentation >
        </annotation >
        < complexType >
          < complexContent >
            < restriction base = "xl:extendedType" >
              < choice minOccurs = "0"maxOccurs = "unbounded" >
                < element ref = "xl:title"/ >
                < element ref = "link:documentation"/ >
                < element ref = "link:loc"/ >
                < element ref = "link:referenceArc"/ >
                < element ref = "link:reference"/ >
              </choice >
              < anyAttribute namespace = "http://www. w3. org/XML/1998/
                namespace"processContents = "lax"/ >
            </restriction >
          </complexContent >
        </complexType >
      </element >


      < element name = "footnoteLink"substitutionGroup = "xl:extended" >
        < annotation >
          < documentation >
```

footnote extended link element definition.

    </documentation>

</annotation>

<complexType>

  <complexContent>

    <restriction base = "xl:extendedType">

      <choice minOccurs = "0"maxOccurs = "unbounded">

        <element ref = "xl:title"/>

        <element ref = "link:documentation"/>

        <element ref = "link:loc"/>

        <element ref = "link:footnoteArc"/>

        <element ref = "link:footnote"/>

      </choice>

      <anyAttribute namespace = "http://www. w3. org/XML/1998/

        namespace"processContents = "lax"/>

    </restriction>

  </complexContent>

</complexType>

</element>

<element name = "linkbase">

  <annotation>

    <documentation>

  Definition of the linkbase element. Used to

  contain a set of zero or more extended link elements.

    </documentation>

  </annotation>

  <complexType>

    <choice minOccurs = "0"maxOccurs = "unbounded">

      <element ref = "link:documentation"/>

```
        < element ref = "link:roleRef"/ >
        < element ref = "link:arcroleRef"/ >
        < element ref = "xl:extended"/ >
     </choice >
     < attribute name = "id"type = "ID"use = "optional"/ >
     < anyAttribute namespace = "http://www. w3. org/XML/1998/
        namespace"processContents = "lax"/ >
   </complexType >
 </element >


< element name = "linkbaseRef"substitutionGroup = "xl:simple" >
  < annotation >
    < documentation >
    Definition of the linkbaseRef element – used
    to link to XBRL taxonomy extended links from
    taxonomy schema documents and from XBRL instances.
     </documentation >
  </annotation >
  < complexType >
    < complexContent >
      < restriction base = "xl:simpleType" >
        < attribute ref = "xlink:arcrole"use = "required" >
          < annotation >
            < documentation >
            This attribute must have the value:
            http://www. w3. org/1999/xlink/properties/linkbase.
             </documentation >
          </annotation >
        </attribute >
        < anyAttribute namespace = "http://www. w3. org/XML/1998/
```

```
        namespace"processContents = "lax"/ >
      </restriction >
    </complexContent >
   </complexType >
</element >


< element name = "schemaRef"type = "xl:simpleType"substitutionGroup
  = "xl:simple" >
  < annotation >
    < documentation >
    Definition of the schemaRef element – used to
    link to XBRL taxonomy schemas from XBRL instances.
    </documentation >
  </annotation >
</element >


< element name = "roleRef"substitutionGroup = "xl:simple" >
  < annotation >
    < documentation >
    Definition of the roleRef element – used
    to link to resolve xlink:role attribute values to
    the roleType element declaration.
    </documentation >
  </annotation >
  < complexType >
    < complexContent >
      < extension base = "xl:simpleType" >
        < attribute name = "roleURI"type = "xl:nonEmptyURI"use =
          "required" >
          < annotation >
```

```
< documentation >
This attribute contains the role name.
</documentation >
</annotation >
</attribute >
</extension >
</complexContent >
</complexType >
</element >


< element name = "arcroleRef"substitutionGroup = "xl:simple" >
  < annotation >
   < documentation >
   Definition of the roleRef element – used
   to link to resolve xlink:arcrole attribute values to
   the arcroleType element declaration.
   </documentation >
  </annotation >
  < complexType >
   < complexContent >
    < extension base = "xl:simpleType" >
     < attribute name = "arcroleURI"type = "xl:nonEmptyURI"use =
      "required" >
      < annotation >
       < documentation >
       This attribute contains the arc role name.
       </documentation >
      </annotation >
     </attribute >
    </extension >
```

```
        </complexContent >
      </complexType >
    </element >


  < element  name = "definition"type = "string" >
    < annotation >
      < documentation >
        The element to use for human – readable definition of custom roles and
        arc roles.
      </documentation >
    </annotation >
  </element >
  < element  name = "usedOn"type = "QName" >
    < annotation >
      < documentation >
      Definition of the usedOn element – used to
      identify what elements may use a taxonomy defined role or arc role value.
      </documentation >
    </annotation >
  </element >
  < element  name = "roleType" >
    < annotation >
      < documentation >
      The roleType element definition – used to
      define custom role values in XBRL extended links.
      </documentation >
    </annotation >
    < complexType >
      < sequence >
        < element ref = "link:definition"minOccurs = "0"/ >
```

```
    < element ref = "link : usedOn" maxOccurs = "unbounded"/ >
  </sequence >
  < attribute name = "roleURI" type = "xl : nonEmptyURI" use = "required"/ >
  < attribute name = "id" type = "ID"/ >
 </complexType >
</element >

< element name = "arcroleType" >
 < annotation >
  < documentation >
  The arcroleType element definition – used to
  define custom arc role values in XBRL extended links.
   </documentation >
 </annotation >
 < complexType >
  < sequence >
   < element ref = "link : definition" minOccurs = "0"/ >
   < element ref = "link : usedOn" maxOccurs = "unbounded"/ >
  </sequence >
  < attribute name = "arcroleURI" type = "xl : nonEmptyURI" use =
   "required"/ >
  < attribute name = "id" type = "ID"/ >
  < attribute name = "cyclesAllowed" use = "required" >
   < simpleType >
    < restriction base = "NMTOKEN" >
     < enumeration value = "any"/ >
     < enumeration value = "undirected"/ >
     < enumeration value = "none"/ >
    </restriction >
   </simpleType >
```

```
      </attribute >
    </complexType >
  </element >


</schema >
```

3. xlink − 2003 − 12 − 31. xsd

```
< xml version = "1. 0"encoding = "UTF − 8"? >
< schema   targetNamespace = "http://www. w3. org/1999/xlink"
  xmlns:xlink = "http://www. w3. org/1999/xlink"
  xmlns = "http://www. w3. org/2001/ > XMLSchema"
  elementFormDefault = "qualified"
  attributeFormDefault = "qualified" >

 < annotation >
   < documentation >
   XLink attribute specification.
   </documentation >
 < annotation >

 < simpleType name = "nonEmptyURI" >
 < annotation >
    < documentation >
    A URI type with a minimum length of 1 character
    Used on role and arcrole and href elements.
    </documentation >
   </annotation >
   < restriction base = "anyURI"   >
```

```xml
          < minLength value = "1"/ >
      </restriction >
   </simpleType >


   < simpleType   name = "typeEnum" >
     < annotation >
       < documentation >
      Enumeration of values for the type attribute.
       </documentation >
     </annotation >
     < restriction base = "string" >
       < enumeration value = "simple"   / >
       < enumeration value = "extended"   / >
       < enumeration value = "locator"   / >
       < enumeration value = "arc"   / >
       < enumeration value = "resource"   / >
       < enumeration value = "title"   / >
     </restriction >
   </simpleType >


   < attributeGroup name = "simpleType" >
     < attribute name = "type"use = "required" >
       < simpleType >
         < restriction base = "token" >
           < enumeration value = "simple"   / >
         </restriction >
       </simpleType >
     </attribute >
   </attributeGroup >
```

```
< attributeGroup name = "extendedType" >
  < attribute name = "type"use = "required"  >
    < simpleType >
      < restriction base = "token" >
        < enumeration value = "extended"  / >
      < /restriction >
    < /simpleType >
  < /attribute >
< /attfibuteGroup >


< attributeGroup name = "locatorType" >
  < attribute name = "type"use = "required"  >
    < simpleType >
      < restriction base = "token"  >
        < enumeration value = "locator"  / >
      < /restriction >
    < /simpleType >
  < /attribute >
< /attributeGroup >


< attributeGroup name = "arcType"  >
  < attribute name = "type"use = "required" >
    < simpleType >
      < restriction base = "token" >
        < enumeration value = "arc"  / >
      < /restriction >
    < /simpleType >
  < /attribute >
< /attributeGroup >
```

```
< attributeGroup name = "resourceType" >
  < attribute name = "type"use = "required" >
    < simpleType >
      < restriction base = "token"  >
        < enumeration value = "resource"   / >
      < / restriction >
    < / simpleType >
  < / attribute >
< / attributeGroup >


< attributeGroup name = "titleType"   >
  < attribute name = "type"use = "required"   >
    < simpleType >
      < restriction base = "token" >
        < enumeration value = "title"/ >
      < / restriction >
    < / simpleType >
  < / attribute >
< / attributeGroup >


< simpleType name = "showEnum" >
< annotation >
    < documentation >
    Enumeration of values for the show attribute.
    < / documentation >
  < / annotation >
  < restriction base = "string" >
    < enumeration value = "new"   / >
    < enumeration value = "replace"   / >
    < enumeration value = "embed"   / >
```

```
< enumeration value = "other"    / >
< enumeration value = "none"    / >
  </restrlction >
</simpleType >


< simpleType name = "actuateEnum" >
< annotation >
    < documentation >
    Enumeration of values for the actuate attribute.
    </documentation >
  </annotation >
  < restriction base = "string" >
    < enumeration value = "onLoad"    / >
    < enumeration value = "onRequest"    / >
    < enumeration value = "other"    / >
    < enumeration value = "none"    / >
  </restrlction >
</simpleType >


< attribute name = "type"type = "xlink:typeEnum"    / >
< attribute name = "role"type = "xlink:nonEmptyURI"    / >
< attribute name = "arcrole"type = "xlink:nonEmptyURI"    /
< attribute name = "title"type = "string"    / >
< attribute name = "show"type = "xlink:showEnum"    / >
< attribute name = "actuate"type = "xlink:actuateEnum"/ >
< attribute name = "label"type = "NCName"    / >
< attribute name = "from"type = "NCName"/ >
< attribute name = "to"type = "NCName"    / >
< attribute name = "href"type = "anyURI"/ >
```

```
</schema>
```

4. xl – 2003 – 12 – 31. xsd

```
<?xml version = "1.0"  ?>
<schema xmlns:xlink = "http://www. w3. org/1999/xlink"
  xmlns:xl = "http://www. xbrl. org/2003/XLink"
  xmlns = "http://www. w3. org/2001/XMLSchema"
  targetNamespace = "http://www. xbrl. org/2003/XLink"
  elementFormDefault = "qualified"
  attributeFormDefault = "unqualified" >

  <import namespace = "http://www. w3. org/1999/xlink"
    schemaLocation = "xlink – 2003 – 12 – 31. xsd"/ >

  <complexType name = "documentationType" >
    <annotation >
      <documentation >
      Element type to use for documentation of extended links and linkbases.
      </documentation >
    </annotation >
    <simpleContent >
      <extension base = "string" >
        <anyAttribute namespace = "##other"processContents = "lax"/ >
      </extension >
    </simpleContent >
  </complexType >

  <element name = "documentation"type = "xl:documentationType"abstract =
```

```
"true" >
  < annotation >
    < documentation >
    Abstract element to use for documentation of extended links and linkbases.
    </documentation >
  </annotation >
</element >


< annotation >
  < documentation >
  XBRL simple and extended link schema constructs.
  </documentation >
</annotation >


< complexType name = "titleType" >
  < annotation >
    < documentation >
    Type for the abstract title element - used as a title element template.
    </documentation >
  </annotation >
  < complexContent >
    < restriction base = "anyType" >
      < attributeGroup ref = "xlink:titleType"/ >
    </restriction >
  </complexContent >
</complexType >
< element name = "title"type = "xl:titleType"abstract = "true" >
  < annotation >
    < documentation >
    Generic title element for use in extended link documentation.
```

Used on extended links, arcs, locators.

See http://www.w3.org/TR/xlink/#title - element for details.

     </documentation >

   </annotation >

  </element >

< complexType name = "locatorType" >

  < annotation >

    < documentation >

   Generic locator type.

    </documentation >

  </annotation >

  < complexContent >

   < restriction base = "anyType" >

    < sequence >

     < element ref = "xl:title" minOccurs = "0" maxOccurs = "unbounded"/ >

    </sequence >

    < attributeGroup ref = "xlink:locatorType"/ >

    < attribute ref = "xlink:href" use = "required"/ >

    < attribute ref = "xlink:label" use = "required"/ >

    < attribute ref = "xlink:role" use = "optional"/ >

    < attribute ref = "xlink:title" use = "optional"/ >

   </restriction >

  </complexContent >

</complexType >

< element name = "locator" type = "xl:locatorType" abstract = "true" >

  < annotation >

   < documentation >

  Abstract locator element to be used as head of locator substitution group for all extended link locators in XBRL.

```
</documentation >
  </annotation >
</element >


< simpleType name = "useEnum" >
  < annotation >
    < documentation >
    Enumerated values for the use attribute on extended link arcs.
    </documentation >
  </annotation >
  < restriction base = "NMTOKEN" >
    < enumeration value = "optional"/ >
    < enumeration value = "prohibited"/ >
  </restriction >
</simpleType >


< complexType name = "arcType" >
  < annotation >
    < documentation >
    basic extended link arc type – extended where necessary for specific arcs
    Extends the generic arc type by adding use, priority and order attributes.
    </documentation >
  </annotation >
  < complexContent >
    < restriction base = "anyType" >
      < sequence >
        < element ref = "xl:title"minOccurs = "0"maxOccurs = "unbounded"/ >
      </sequence >
      < attributeGroup ref = "xlink:arcType"/ >
      < attribute ref = "xlink:from"use = "required"/ >
```

```
        < attribute ref = "xlink:to"use = "required"/ >
        < attribute ref = "xlink:arcrole"use = "required"/ >
        < attribute ref = "xlink:title"use = "optional"/ >
        < attribute ref = "xlink:show"use = "optional"/ >
        < attribute ref = "xlink:actuate"use = "optional"/ >
        < attribute name = "order"type = "decimal"use = "optional"/ >
        < attribute name = "use"type = "xl:useEnum"use = "optional"/ >
        < attribute name = "priority"type = "integer"use = "optional"/ >
        < anyAttribute namespace = "##other"processContents = "lax"/ >
      </restriction >
    </complexContent >
  </complexType >
  < element name = "arc"type = "xl:arcType"abstract = "true" >
    < annotation >
      < documentation >
      Abstract element to use as head of arc element substitution group.
      </documentation >
    </annotation >
  </element >


  < complexType name = "resourceType" >
    < annotation >
      < documentation >
      Generic type for the resource type element.
      </documentation >
    </annotation >
    < complexContent mixed = "true" >
      < restriction base = "anyType" >
        < attributeGroup ref = "xlink:resourceType"/ >
        < attribute ref = "xlink:label"use = "required"/ >
```

```
< attribute ref = "xlink:role"use = "optional"/ >
< attribute ref = "xlink:title"use = "optional"/ >
< attribute name = "id"type = "ID"use = "optional"/ >
</ restriction >
</ complexContent >
</ complexType >
< element name = "resource"type = "xl:resourceType"abstract = "true" >
< annotation >
< documentation >
Abstract element to use as head of resource element substitution group.
</ documentation >
</ annotation >
</ element >

< complexType name = "extendedType" >
< annotation >
< documentation > Generic extended link type </ documentation >
</ annotation >
< complexContent >
< restriction base = "anyType" >
< choice minOccurs = "0"maxOccurs = "unbounded" >
< element ref = "xl:title"/ >
< element ref = "xl:documentation"/ >
< element ref = "xl:locator"/ >
< element ref = "xl:arc"/ >
< element ref = "xl:resource"/ >
</ choice >
< attributeGroup ref = "xlink:extendedType"/ >
< attribute ref = "xlink:role"use = "required"/ >
< attribute ref = "xlink:title"use = "optional"/ >
```

```
< attribute name = "id"type = "ID"use = "optional"/ >
< anyAttribute namespace = "http://www. w3. org/XML/1998/
   namespace"processContents = "lax"/ >
    </restriction >
  </complexContent >
</complexType >
< element name = "extended"type = "xl:extendedType"abstract = "true" >
  < annotation >
    < documentation >
    Abstract extended link element at head of extended link substitution group.
    </documentation >
  </annotation >
</element >


< complexType name = "simpleType" >
  < annotation >
    < documentation > Type for the simple links defined in XBRL.
    </documentation >
  </annotation >
  < complexContent >
    < restriction base = "anyType" >
      < attributeGroup ref = "xlink:simpleType"/ >
      < attribute ref = "xlink:href"use = "required"/ >
      < attribute ref = "xlink:arcrole"use = "optional"/ >
      < attribute ref = "xlink:role"use = "optional"/ >
      < attribute ref = "xlink:title"use = "optional"/ >
      < attribute ref = "xlink:show"use = "optional"/ >
      < attribute ref = "xlink:actuate"use = "optional"/ >
      < anyAttribute namespace = "http://www. w3. org/XML/1998/
         namespace"processContents = "lax"/ >
```

```
    </restriction >
  </complexContent >
  </complexType >
  <element name = "simple"type = "xl:simpleType"abstract = "true" >
    <annotation >
      <documentation >
      The abstract element at the head of the simple link substitution group.
      </documentation >
    </annotation >
  </element >
</schema >
```

参考文献

[1] 陈宋生、李文颖、吴东琳：《XBRL、公司治理与权益成本——财务信息价值链全视角》，载于《会计研究》2015 年第 3 期，第 64 ~ 71 页。

[2] 丁玲：《论网络财务报告语言的发展及对我国的启示》，载于《中国会计电算化》2001 年第 7 期，第 27 ~ 28 页。

[3] 高锦萍：《XBRL 财务报告分类标准的创建模式研究》，载于《财会通讯》2008 年第 6 期，第 95 ~ 96 页。

[4] 高锦萍：《XBRL 财务报告分类标准研究：质量水平、经济后果与改进》，上海交通大学博士学位论文，2007 年，第 45 ~ 48 页。

[5] 高锦萍、张天西：《XBRL 财务报告分类标准评价——基于财务报告分类与公司偏好的报告实务的匹配性研究》，载于《会计研究》2006 年第 11 期，第 24 ~ 29 页。

[6] 韩庆兰、蔡苗：《XBRL 财务报告分类标准体系研究综述》，载于《财会月刊》2008 年第 9 期，第 57 ~ 58 页。

[7] 何丽梅、刘婉立：《关于可扩展商业报告语言在我国的推广和应用研究》，载于《财会通讯（学术版）》2005 年第 12 期。

[8] 何丽梅、刘婉立：《可扩展商业报告语言在我国的推广和应用现状》，载于《中国管理信息化》2005 年第 9 期，第 5 ~ 7 页。

[9] 何芹：《上市银行 XBRL 财务报告现状及存在的问题》，载于《证券市场导报》2011 年第 6 期，第 22 ~ 28 页。

[10] 黄长胤、张天西：《XBRL 技术分类标准扩展：研究综述》，载于《科技管理研究》2011 年第 22 期，第 176 ~ 179 页。

[11] 姜玉泉、丁国勇、施永香：《XBRL 对审计的影响及其对策》，载于《审计与经济研究》2004 年第 4 期，第 30 ~ 32 页。

[12] 李富玲、卢振波：《可扩展商业报告语言 XBRL 研究述评》，载于《现

代图书情报技术》2006 年第 7 期，第 56～61 页。

[13] 李立成：《浅谈我国 XBRL 总账分类标准的制定》，载于《中国管理信息化》2008 年第 3 期，第 48～50 页。

[14] 李争争、张天西：《XBRL 财务报告分类标准的创建质量评价》，载于《西安交通大学学报（社会科学版）》2013 年第 2 期，第 29～33 页。

[15] 李争争、张天西、赵现明：《XBRL 信息披露质量研究综述》，载于《科技管理研究》2013 年第 10 期，第 187～192 页。

[16] 刘炳奇：《XBRL：一种便捷的网络财务报告语言》，载于《中国会计电算化》2003 年第 6 期，第 17～19 页。

[17] 刘承焕、王军、杜思思：《会计准则通用分类标准实施中的技术问题分析——以 2014 年广西七家企业 XBRL 数据为例》，载于《会计之友》2015 年第 10 期，第 94～99 页。

[18] 刘静：《浅谈 XBRL 与财务信息数据挖掘》，载于《湖南财经高等专科学校学报》2004 年第 6 期，第 53～55 页。

[19] 刘勤：《对当前一些有关 XBRL 流行观点的思考》，载于《会计研究》2006 年第 8 期，第 80～85 页。

[20] 刘松青：《网络财务报告模式初探》，载于《云南财贸学院学报（社会科学版）》2003 年第 5 期，第 102～103 页。

[21] 卢馨、雷蕾：《XBRL 的研究现状与展望》，载于《财会通讯》2010 年，第 134～137 页。

[22] 欧阳电平、龚云蕾：《XBRL 格式财务报告的特征及其审计探讨》，载于《审计月刊》2007 年第 7 期，第 15～17 页。

[23] 潘琰、林琳：《公司报告模式再造：基于 XBRL 与 Web 服务的柔性报告模式》，载于《会计研究》2007 年第 5 期，第 80～87 页。

[24] 曲吉林：《XBRL 及其对财务报告的影响》，载于《财会月刊》2004 年第 12 期，第 73 页。

[25] 曲吉林、寇纪淞、李敏强：《基于 XML 的企业报告语言 XBRL》，载于《情报科学》2005 年第 2 期，第 252～254 页。

[26] 饶艳超：《对在我国推进发展 XBRL 的几点建议》，载于《上海会计》2004 年第 2 期，第 39～40 页。

[27] 饶艳超：《积极创造条件推进 XBRL 在我国的发展》，载于《财会通讯》2003 年第 5 期，第 42～43 页。

[28] 沈颖玲：《会计全球化的技术视角——利用 XBRL 构建国际财务报告准则分类体系》，载于《会计研究》2004 年第 4 期，第 35～40 页。

[29] 史永、张龙平：《XBRL 财务报告实施效果研究——基于股价同步性的视角》，载于《会计研究》2014 年第 3 期，第 3～10 页。

[30] 孙文波：《基于 XBRL 的网络财务报告系统的实施流程》，载于《对外经贸财会》2005 年第 7 期，第 39～41 页。

[31] 王嘉良、陈桢、朱华：《应用"XBRL＋大数据"提升大数据思维下管理会计价值——以中国石油湖北销售公司为例》，载于《财政监督》2018 年第 4 期，第 109～113 页。

[32] 王睿泉：《XBRL 在实践中的运用——采用 Microsoft VB6.0 编写应用程序》，载于《中国会计电算化》2004 年第 1 期，第 48～50 页。

[33] 王松年、沈颖玲：《网络财务报告的技术问题研究》，载于《财经研究》2001 年第 8 期，第 52～58 页。

[34] 王泳：《文献分析国内对可扩展商业报告语言的研究》，载于《中国管理信息化》2010 年第 1 期，第 26～28 页。

[35] 吴祖光：《XBRL 财务报告审计需关注的问题》，载于《财会通讯（综合版）》2005 年第 1 期，第 68 页。

[36] 徐伟：《可扩展企业报告语言（XBRL）应用研究》，西南财经大学硕士学位论文，2006 年。

[37] 许渊：《面向 XBRL 的数据挖掘》，载于《中国管理信息化（综合版）》2005 年第 10 期，第 45～46 页。

[38] 杨定泉：《浅析 XBRL 技术对会计电算化的完善》，载于《中国管理信息化（综合版）》2005 年第 12 期，第 30～31 页。

[39] 杨松令：《简评可扩展商业报告语言》，载于《财会月刊》2001 年第 14 期，第 44～45 页。

[40] 杨周南、朱建国、刘锋等：《XBRL 分类标准认证的理论基础和方法学体系研究》，载于《会计研究》2010 年第 11 期，第 10～15 页。

[41] 姚正海：《XBRL 及其在我国的应用》，载于《财会通讯（综合版）》

2005 年第 4 期，第 60 页。

［42］应唯、王丁、黄敏等：《XBRL 财务报告分类标准的架构模型研究》，载于《会计研究》2013 年第 8 期，第 3～9 页。

［43］于瑞华、戴蓬军：《利用 XBRL 重建企业商业报告信息传递的流程》，载于《中国管理信息化（综合版）》2005 年第 8 期，第 44～45 页。

［44］曾建光、伍利娜、谌家兰、王立彦：《XBRL、代理成本与绩效水平——基于中国开放式基金市场的证据》，载于《会计研究》2013 年第 11 期，第 88～94 页。

［45］张天西：《网络财务报告：XBRL 标准的理论基础研究》，载于《会计研究》2006 年第 9 期，第 56～63 页。

［46］赵惠芳：《我国基于 XBRL 语言的网络财务呈报模型研究》，载于《安徽大学学报（哲学社会科学版)》2005 年第 4 期，第 134～137 页。

［47］朱建国、李文卿：《上海证券交易所与深圳证券交易所 XBRL 应用的比较分析》，载于《会计之友（中旬刊)》2010 年第 1 期，第 57～60 页。

［48］朱钊、李柏：《可扩展商业报告语言的应用对会计审计的影响》，载于《中国注册会计师》2005 年第 3 期，第 37～38 页。

［49］Alan Teixeira. What XBRL Means for the IFRS. Chartered Accountants Journal of New Zealand, 2005, 84 (5)：53 – 55.

［50］Charles E. Davis, Whit P. Keuer, Curits Clements. Web-based Reporting. The CPA Journal, 2002, 72 (11)：28 – 34.

［51］Doug Henschen. XBRL Offers a Faster Route to Intelligence. Intelligent Enterprise, 2005, 8.

［52］Efrim J. Boritz, Won G. No. Security in XML – based Financial Reporting Services on the Internet. Journal of Accounting & Public Policy, 2005, 24 (1)：10 – 35.

［53］Eric E. Cohen. Compromise or Customize：XBRL's Paradoxical Power. Canadian Accounting Perspectives, 2004, 3 (2)：187 – 206.

［54］E. Bonson, Cortijo V., T. Escobar. Towards the Global Adoption of XBRL Using International Financial Reporting Standards (IFRS). International Journal of Accounting Information Systems, 2009, 10 (1)：46 – 60.

［55］ Garnsey M. R. Automatic Classification of Financial Accounting Concepts. Journal of Emerging Technologies in Accounting, 2006, 3 (1): 21 – 39.

［56］ Gianluca Garbellotto, Neal Hannon. Why XBRL Is a "Business" Reporting Language. Strategic Finance, 2005, 86 (11): 57 – 59.

［57］ Jeffrey W Naumann. Tap Into XBRL's Power the Easy Way. Journal of Accountancy, 2004, 197 (5): 32 – 39.

［58］ Kurt P. Ramin, David A. Prather. Building an XBRL IFRS Taxonomy. The CPA Journal, 2003, 73 (5): 50.

［59］ Mark Hucklesby, Josef Macdonald. Taxes, Assurance and XBRL. Chartered Accountants Journal of New Zealand, 2003, 82 (10): 40.

［60］ Mark Hucklesby, Josef Macdonald. XBRL: External Reporting for Banks. Chartered Accountants Journal of New Zealand, 2002, 81 (11): 48.

［61］ Matherne Louis, Coffin Zachary. XBRL: A Technology Standard to Reduce Time, Cut Costs, and Enable Better Analysis for Tax Preparers. Tax Executive, 2001, 53 (1): 68 – 70.

［62］ Matthew Bovee, Alexander Kogan, Kay Nelson, Rajendra P. Srivastava, Miklos A. Vasarhelyi. Financial Reporting and Auditing Agent with NetKnowledge (FRAANK) and eXtensible Business Reporting Language (XBRL). Journal of Information Systems, 2005, 19 (1): 19 – 41.

［63］ Matthew Bovee, Michael L. Ettredge, Rajendra P. Srivastava, Miklos A. Vasarhelyi. Does the Year 2000 XBRL Taxonomy Accommodate Current Business Financial Reporting Practice? Journal of Information Systems, 2002, 16 (2): 165 – 182.

［64］ Mike Willis. Corporate reporting enters the Information Age. Regulation, 2003, 26 (3): 56 – 60.

［65］ Mike Willis. XBRL and Data Standardization: Transforming the Way CPAs Work. Journal of Accountancy, 2005, 199 (3): 80 – 81.

［66］ Morikuni Haseqawa, Taiki Sakata, Nobuyuki Sambuichi, Neal Hannon. Breathing New Life into Old Systems. Strategic Finance, 2004, 85 (9): 46 – 51.

［67］ Neal Hannon. Why Should Management Accountants Care about XBRL? Strategic Finance, 2004, 86 (1): 55 – 56.

［68］ Neal Hannon. XBRL and office II：A Field of Dreams. Strategic Finance，2003，84（9）：55 – 58.

［69］ Neal Hannon. XBRL for General Ledger. The Journal taxonomy. Strategic Finance，2003，85（2）：63 – 67.

［70］ Robert Pinsker. XBRL Awareness in Auditing：a Sleeping Giant. Managerial Auditing Journal，2003，18（9）：732 – 736.

［71］ Roger Debreceny，Stephanie Farewell，Maciej Piechocki，Carsten Feldend，Andre Graning. Does it Add Up? Early Evidence on the Data Quality of XBRL Filings to the SEC. Journal of Accounting and Public Policy，2010（29）：296 – 306.

［72］ Ryan Youngwon Shin. XBRL，Financi al Reporting，and Auditing. The CPA Journal，2003，73（12）：61.

［73］ R. David Plumlee，Marlene A. Plumlee. Assurance on XBRL for Financial Reporting. Accounting Horizons，2008，22（3）：353 – 368.

［74］ Vasundhara Chakraborty，Miklos Vasarhelyi. Automating the Process of Taxonomy Creation and Comparison of Taxonomy Structures. SSRN Electronic Journal，2010，10：1 – 18.

［75］ Zabihollah Rezaee，Ahmad Sharbatoghlie，Rick Elam，and Peter L. McMickle. Continuous auditing：Building Automated Auditing Capability. Auditing：A Journal of Practice & Theory，2002，21（1）：147 – 163.

［76］ Zabihollah Rezaee，Rick Elam，Ahmad Sharbatoghlie. Continuous Auditing：The Audit of the Future. Managerial Auditing Journal，2001，16（3）：150 – 158.

［77］ Zachary Coffin. The Top 10 Effects of XBRL. Strategic Finance，2001，82（12）：64 – 67.

后　记

　　本书是在中南财经政法大学会计学院各级领导的支持和关心下完成的，学院优良的学术传统、开放的学术氛围为本书的写作提供了良好的学术环境。衷心感谢中南财经政法大学会计学院院长张敦力教授、副院长王雄元教授以及学院其他同仁长期以来对我的关心和鼓励，没有他们的大力支持，本著作是难以完成的。只有尽力写出高质量的书稿，才能让他们不至于奉献太多而一无所获。本书还要感谢中南财经政法大学中央高校基本科研业务费专项资金团队项目"财政政策、管理层文本披露语调与企业投资行业"课题组的协助和支持。最后要感谢我的妻子肖聪和为我默默付出的家人，他们的宽容和谅解是对我教研工作的最好支持！

　　由于作者水平有限，本书的缺点和错误在所难免，恳请读者对本书的不足之处不吝指教，相关意见可发至我的邮箱 aaron792@163.com，我在这里先致谢了！

吴龙庭

2019 年 12 月于武汉武昌